ÉTUDE SUR LA DÉTERMINATION

DES

FELDSPATHS

DANS LES PLAQUES MINCES

AU POINT DE VUE

DE LA CLASSIFICATION DES ROCHES

PAR

A. MICHEL LÉVY

Ingénieur en chef des mines
Directeur du service de la Carte géologique détaillée de la France

AVEC 8 PLANCHES EN COULEURS

PARIS

LIBRAIRIE POLYTECHNIQUE, BAUDRY ET Cⁱᵉ, ÉDITEURS

15, RUE DES SAINTS-PÈRES, 15

MÊME MAISON A LIÈGE, RUE DES DOMINICAINS, 7

1894

ÉTUDE SUR LA DÉTERMINATION

DES

FELDSPATHS

DANS LES PLAQUES MINCES

AU POINT DE VUE

DE LA CLASSIFICATION DES ROCHES

ÉTUDE SUR LA DÉTERMINATION

DES

FELDSPATHS

DANS LES PLAQUES MINCES

AU POINT DE VUE

DE LA CLASSIFICATION DES ROCHES

PAR

A. MICHEL LÉVY

Ingénieur en chef des mines
Directeur du service de la Carte géologique détaillée de la France

AVEC 8 PLANCHES EN COULEURS

PARIS

LIBRAIRIE POLYTECHNIQUE, BAUDRY ET Cie, ÉDITEURS

15, RUE DES SAINTS-PÈRES, 15

MÊME MAISON A LIÈGE, RUE DES DOMINICAINS, 7

1894

ÉTUDE

SUR LA

DÉTERMINATION DES FELDSPATHS

DANS LES PLAQUES MINCES

AU POINT DE VUE DE LA CLASSIFICATION DES ROCHES

La détermination précise des feldspaths dans les roches, notamment celle des plagioclases, de l'albite à l'anorthite, a de tout temps fait l'objet des efforts des minéralogistes et des pétrographes. Avant l'emploi du microscope et des plaques minces, leurs efforts se bornaient à l'étude des grands cristaux, soit que ces derniers fussent extraits des roches granitoïdes, soit qu'ils fissent partie des éléments de première consolidation des roches porphyriques. Et encore, dès que le grain de la roche étudiée atteignait un certain degré de finesse, le chalumeau ou les anciens microscopes polarisants devenaient impuissants et l'on devait se borner à interpréter, d'une façon plus ou moins plausible, les résultats de l'analyse chimique en bloc.

Cordier fut le premier à chercher une détermination plus précise des éléments qui entrent dans « *les pâtes lithoïdes des courants de lave de tous les âges* ».

Il découvrit [1], dans les poudres provenant de la trituration de ces pâtes, « *des fragments de feldspath, aplatis, offrant des indices de lames et de coupes rectangulaires, blancs et demi-transparents ou même limpides* ». Il cherchait à les préparer mécaniquement et à les séparer des éléments plus lourds, en plaçant la poudre à l'extrémité d'une plaque de verre inclinée et en

---

[1] *Mémoire sur les substances minérales dites en masse*, Ac. Sc., 16, 30 oct. et 6 nov. 1815.

frappant à l'autre extrémité. Puis s'aidant du microscope, pour vérifier le résultat de cette préparation mécanique rudimentaire, Cordier recourait en dernière analyse aux différences de fusibilité pour établir ses diagnostics.

Un demi-siècle plus tard, la double idée de Cordier portait ses fruits et prouvait sa fécondité; d'une part M. Sorby (1858) apprenait à préparer facilement des plaques minces de roches, en montrait presque tous les éléments devenus transparents et y étudiait les inclusions liquides ou vitreuses. Dès lors les pétrographes transformaient le microscope ordinaire en microscope polarisant et appliquaient successivement, aux minéraux des roches, les méthodes optiques de la lumière parallèle et de la lumière convergente.

D'autre part M. Fouqué montrait que l'emploi judicieusement combiné de l'électro-aimant et des attaques ménagées à l'acide fluorhydrique, constitue un moyen puissant¹ de préparation et de purification. C'est également sous son impulsion féconde que nous avons appris à utiliser les liqueurs lourdes pour la séparation des minéraux par ordre de densité.

Ainsi la détermination des feldspaths au microscope a été, pour ainsi dire, la pierre de touche des progrès de la pétrographie moderne; les procédés de la micro-chimie, inaugurée par Boricky, développée et perfectionnée par M. Behrens et par un grand nombre d'autres observateurs, leur ont été appliqués concurremment avec la séparation mécanique et l'analyse optique. Il est donc intéressant, à plus d'un titre, de chercher à coordonner les résultats acquis et de voir jusqu'à quel point les divers procédés de détermination des feldspaths, mis en œuvre par la science moderne, ont réagi sur la classification des roches et se sont montrés efficaces dans la pratique journalière et courante des laboratoires.

Ces résultats, à les considérer superficiellement, ne sont pas très satisfaisants ; le plus souvent les feldspaths, qui constituent à coup sûr l'élément blanc, non ferrugineux, le plus important des roches, sont classés sans plus de distinction dans l'orthose ou dans les plagioclases. Et cependant ces derniers peuvent varier de l'albite, minéral acide contenant plus de 68 p. 100 de silice,

____

¹ *Savants étrangers*, 1873, XXII, n° 11.

à l'anorthite, minéral très basique à 43 p. 100 de silice ; les proportions relatives de potasse, de soude et de chaux y varient en corrélation avec la nature dominante des feldspaths et, à ne considérer que les familles de roches, sans même entrer dans le détail de leur classification, les derniers travaux de M. Iddings paraissent avoir prouvé que les rapports de ces bases, et notamment ceux de la potasse à la soude, sont parmi les plus caractéristiques des éléments chimiques des magmas.

Nous nous empressons d'ajouter que les pétrographes soigneux serrent, en général, de plus près la détermination des feldspaths des roches et nous verrons plus loin qu'il est désormais possible d'arriver à cette détermination précise, non seulement pour les grands cristaux, mais pour les microlites les plus ténus. Mais des doutes ont été jetés sur les méthodes qui conduisent à ce résultat, et il est nécessaire de recourir à des mesures optiques délicates : c'en est assez pour expliquer que certaines classifications négligent la détermination précise des microlites feldspathiques, c'est-à-dire de l'élément blanc le plus abondant et le plus acide d'un grand nombre de roches. Dès lors, cette négligence conduit nécessairement à des groupements artificiels, comprenant à la fois des roches très basiques et d'autres très acides, les unes très riches en chaux et pauvres en alcalis, et inversement. La classification des roches à deux temps, exclusivement basée sur la nature des minéraux de première consolidation, est un legs de l'ancienne pétrographie et une sorte d'aveu injustifié d'impuissance. Toute classification rationnelle doit s'appuyer sur les caractères que les roches portent pour ainsi dire avec elles, c'est-à-dire sur leur structure, reflet des conditions physiques de la cristallisation, sur leur composition minéralogique *intégrale*, qui représente avec fidélité la composition chimique de leur magma, tout en empruntant quelques traits accessoires aux conditions physiques précitées.

Ainsi la détermination précise, rapide et relativement facile de tous les éléments feldspathiques des roches est une des conditions indispensables à l'établissement d'une classification rationnelle : on peut en quelque sorte jauger la valeur d'une étude pétrographique au soin apporté par l'auteur à déterminer les feldspaths de ses plaques minces. Toutes les Ecoles sont à peu près d'accord sur la classification des roches granitoïdes à grands éléments; au contraire, les discordances les plus fâcheuses éclatent, lorsqu'il s'agit des roches porphyroïdes à pâte compacte, et il est facile de vérifier que les têtes de chapitre de certaines classifications fort répandues comportent l'abus de ce malheureux mot de plagioclase dont nous avons cherché à critiquer l'acception trop vague et l'indétermination trop complète.

Ces considérations font ressortir l'importance des méthodes qui permettent d'aborder le problème de la détermination précise des plagioclases ; parmi elles, les procédés optiques sont de beaucoup les plus pratiques, tant à cause de leur élégance et de la simplicité des moyens qu'ils mettent en œuvre, que parce qu'ils se prêtent à une analyse détaillée des conditions de la cristallisation, étudiant pour ainsi dire un cristal zone par zone, macle par macle ; ils ne supposent ni la destruction de la plaque étudiée, ni des manipulations délicates ou compliquées. La théorie seule est relativement difficile ; la pratique est aisée. Nous nous proposons de passer en revue ces procédés optiques et de les compléter dans la mesure du possible.

L'influence des livres classiques dus à M. Rosenbusch est si considérable, notamment dans les pays de langue allemande et anglaise, qu'il est utile de rechercher par quels procédés ce chef d'école a abordé le problème qui nous occupe : dans la première édition de sa pétrographie (1873-1877), M. Rosenbusch recourt volontiers aux extinctions présentées par les sections de la zone de symétrie perpendiculaire à g^1 (010) et rapportées à la trace des macles suivant la loi de l'albite. Il leur prête des maxima et des minima parfois caractéristiques, mais souvent aussi peu caractérisques ; ainsi, par exemple : « *les directions d'extinction* « *des plagioclases des diabases, rapportées à la trace de la macle,* « *dans les sections de la zone ph^1 (001) (100) sont si variables* « *qu'elles paraissent inutilisables. Cependant en moyenne les* « *maxima et les minima semblent plus élevés que dans le groupe* « *des roches dioritiques* [1] ».

[1] Rosenbusch. *Phys. d. Mass. Gesteine*, 1877, 324.

M. Rosenbusch commettait une double erreur en prêtant un minimum à la zone de symétrie, qui passe, comme toutes les zones, par 0°, et en refusant au maximum une valeur caractéristique. Nous verrons que cette zone est restée la seule pratique pour l'étude des microlites feldspathiques et que, fort heureusement, elle peut donner à elle seule la solution complète du problème. Si nous insistons sur ces origines, c'est qu'elles expliquent jusqu'à un certain point l'état actuel de la question et ses répercussions sur les questions les plus générales de la pétrographie, telles que l'emploi ou le rejet des éléments du second temps de consolidation dans la classification des roches porphyriques.

Découragé par les insuccès auxquels l'avait exposé sa double méprise, M. Rosenbusch n'a plus recouru dans ses études postérieures qu'aux méthodes applicables aux cristaux maniables, et en particulier à la méthode de Max Schuster [extinctions sur les lamelles de clivage suivant p (001) et g' (010)]. D'où indétermination fréquente de l'élément blanc dominant de seconde consolidation et valeur exagérée attribuée aux grands cristaux plus maniables du premier temps.

Dès 1877 [1], j'ai cherché à démontrer que l'étude des sections en zone est susceptible de donner des résultats rigoureux ; pratiquement le manque de données numériques suffisamment précises

	ZONE PERPENDICULAIRE à g^1 (010)			ZONE pg^1 (001) (010)		
	1877	1890	1894	1877	1890	1894
Albite	15°45′	— 18°	— 16°	19°	+ 20°	+ 20°
Oligoclase . . .	18°30′	+ 4°	+ 5°	2°	+ 5°	+ 1/₂°
Labrador . . .	31°15′	+ 32°	+ 27°	27°	— 31°	— 33°
Anorthite . . .	au delà de 37°	au delà de +50°	+ 53°	au delà de 30°	— 60°	— 64°

[1] De l'emploi du microscope polarisant à lumière parallèle, *Ann. des Mines*, 1877, 392.

ne permettait pas de serrer de très près les maxima caractéristiques ; le tableau ci-joint rappelle ceux que j'ai donnés à cette époque. Un seul nombre laissait à désirer d'une façon notable ; c'est celui de l'oligoclase dans la zone perpendiculaire à g^1 (010). On trouvera d'ailleurs juxtaposés les résultats de 1890 (les *Minéraux des Roches*) et ceux qui découlent des épures beaucoup plus précises jointes à ce mémoire (1894).

Les données numériques relatives aux constantes optiques des feldspaths avaient été jusqu'alors empruntées à deux importants mémoires de M. Des Cloizeaux dans lesquels la position dans l'espace des axes principaux d'élasticité n_g, n_m, n_p avait été approximativement déterminée, ainsi que celle des axes optiques A et B. M. Des Cloizeaux avait également donné le résultat de nombreuses mesures d'extinctions dans les faces de clivage p (001) et g^1 (010), rapportées à l'arête commune pg^1 (001) (010)[1].

En 1880, Max Schuster [2] reprend ces dernières mesures, ainsi que celles relatives à l'écartement des axes optiques, et s'inspirant des idées de M. Tschermak sur l'isomorphisme des plagioclases, il cherche à démontrer que les feldspaths tricliniques forment une série continue de mélanges en toute proportion d'albite et d'anorthite. Relativement aux extinctions sur p (001) et sur g^1 (010), Max Schuster ajoute aux valeurs numériques déjà trouvées par M. des Cloizeaux, la notion du signe de l'extinction ; cette précaution une fois prise, il ne peut plus y avoir confusion entre certaines albites et certaines andésines. L'application théorique que M. Mallard a faite des courbes tracées par Max Schuster, ne permet plus dès lors de douter : 1° que ces données numériques sont très approximativement exactes ; 2° que les plagioclases se comportent réellement au point de vue optique comme des mélanges d'albite et d'anorthite [3]. La seule question théorique, désormais en litige, ne peut porter que sur le fait de savoir si ces mélanges sont en nombre indéfini ou s'ils se rapportent à des proportions nettement définies des éléments composants. Ce point de vue théorique, qui supposerait au préa-

---

[1] *Ann. de Ch. et de Phys.*, 9e série, IV, 249, 1875, et IX, 1876.
[2] *Tsch. Minéral. und Petrogr. Mitt.*, III, 117, 1880.
[3] *Bull. Soc. Min. fr.*, III, 96, 1880.

lable une définition et une critique de l'isomorphisme, échappe au sujet que nous nous proposons de traiter ; tout au plus convient-il de rappeler que les études pétrographiques mettent hors de doute le grand nombre des mélanges possibles ; l'examen des zones d'accroissement de certains feldspaths et les procédés délicats basés sur les positions d'égale intensité lumineuse, appliqués aux sections g^1 (010), prouvent en effet d'abord le grand nombre de zones d'accroissement optiquement différentes dans certains grands cristaux et, en outre, ils établissent que ces zones empruntent leurs propriétés optiques à deux éléments distincts seulement [1].

La reproduction synthétique des feldspaths, par voie de fusion ignée et de recuit, nous avait amenés, M. Fouqué et moi, à reconnaître que l'albite ne cristallise pas dans ces conditions et qu'il semble y avoir une tendance à la production de types stables sans passages par des variétés intermédiaires. En d'autres termes, dans nos fusions qui donnent principalement des variétés microlitiques, les feldspaths, qui se produisent, ne commencent qu'aux oligoclases, et paraissent sauter sans transition des types andésitiques acides (s'éteignant en long dans la zone d'allongement), aux labradors [2] (s'éteignant à 30° environ).

Ces constatations, qui peuvent s'expliquer de bien des façons, et en particulier par l'existence de types plus stables dans les conditions de genèse que supposent la fusion ignée et le recuit relativement rapide du magma fondu, ont porté ombrage aux disciples de M. Tschermak et ils ont mis en doute l'efficacité de la méthode dite de statistique pour la détermination des microlites. Les uns basent leur critique sur ce que la coexistence de de plusieurs variétés de feldspath doit fournir comme maximum celui du feldspath à maximum le plus grand. Les autres (et Max Schuster a été du nombre) ont même mis en doute que les maxima soient capables de distinguer le labrador de certaines bytownites.

On peut répondre à la première série de critiques que la coexistence de plusieurs feldspaths dans les grands cristaux s'accuse

---

[1] *Les Minéraux des Roches*, p. 73 et suiv.
[2] *Bull. Soc. Min. fr.*, III, 63, 1880.

soit par l'étude toujours possible des zones d'accroissement, soit par des différences de forme, de volume ou même de macles caractéristiques. Le microcline, l'orthose, l'anorthose même se distinguent des autres feldspaths et ces derniers se groupent généralement entre eux. Quant aux microlites, ils sont en général de prise rapide et relativement homogènes ; tout au plus est-il loisible de constater l'existence de trachy-andésites à microlites d'orthose et de plagioclases. D'ailleurs les méthodes exposées plus loin permettent de faire la lumière, même pour les microlites, car on verra qu'une seule section suffit souvent pour résoudre le problème complet, afférent au plagioclase dont elle est composée.

La seconde série de critiques est injustifiée : les maxima caractéristiques de la zone de symétrie commencent à 16° et il n'y a plus d'amphibologie possible, des andésines basiques aux anorthites ; les oligoclases eux-mêmes sont en général caractérisés et le doute n'était permis qu'entre les albites et certaines andésines acides. Il convient d'ajouter que Max Schuster s'est mal rendu compte de la succession de positions occupées dans l'espace par les axes d'élasticité des feldspaths. Le croquis schématique qu'il a joint à son mémoire et que M. Rosenbusch a encore reproduit sans critique en 1885, est inexact ; il est facile de s'en convaincre en remarquant que ce croquis ne tient aucun compte du fait, démontré pratiquement et théoriquement, que, pour un des oligoclases, l'axe n_p de plus grande élasticité coïncide sensiblement avec l'arête pg' (001) (010).

Le mémoire de Max Schuster met en évidence les changements fréquents de signe des bissectrices aiguës dans les plagioclases : il est maintenant bien avéré que, de l'albite à l'anorthite, il y a trois changements de signe, et par suite trois fois passage de l'angle 2V par 90°. Un de ces passages se fait dans les oligoclases acides, un autre dans les andésines proprement dites, un troisième dans les bytownites.

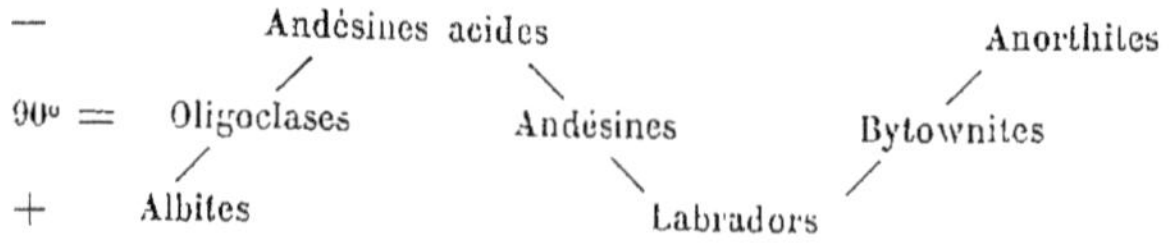

En 1884, M. Des Cloizeaux[1] a publié une nouvelle et très nombreuse série d'observations sur les oligoclases et les andésines. Elle comprend et explique précisément cette évolution si curieuse qui amène, pour certains oligoclases acides, le plan des axes optiques à être perpendiculaire à g^1 (010), tandis que, pour certaines variétés plus basiques, l'axe n_p d'élasticité maximum coïncide à peu près rigoureusement avec l'arête pg^1 (001) (010).

Utilisant ces données nouvelles, j'ai tracé en 1888, dans les *Minéraux des Roches*[2], des croquis plus exacts des deux principales zones de symétrie et j'ai pu corriger le maximum de l'oligoclase dans la zone de symétrie de la macle de l'albite (voir p. 5). J'ai aussi cherché à élucider les propriétés générales des extinctions en zone, à en utiliser le signe optique, enfin à y appliquer la théorie des mélanges. C'est ainsi que toutes les courbes afférentes aux divers plagioclases doivent, pour une même zone, se couper au point même où la courbe de l'albite croise celle de l'anorthite. Pratiquement les épures soignées montrent fort bien ce point commun qui, dans la zone de symétrie perpendiculaire à g^1 (010) par exemple, se trouve dans l'angle aigu fait par le plan de zone passant par pg^1 (001) (010) avec la section droite du prisme, à 8° de cette dernière ; l'extinction s'y fait à + 1° de la trace g^1 (010) (voir fig. 2, p. 32).

La première partie des *Minéraux des Roches* contient également une méthode pratique pour déterminer l'angle des axes optiques autour d'une bissectrice à laquelle la section considérée est perpendiculaire[3]. Cette méthode a de fréquentes applications dans l'étude des feldspaths, précisément à cause de leurs changements de signe trois fois répétés.

Dans la seconde partie faite en collaboration avec M. Lacroix, nous avons donné[4] des croquis en projection orthogonale (et non stéréographique, comme l'a cru M. de Fédoroff), donnant la position des axes n_g, n_m et n_p, et fournissant une notion de la façon dont le plan des axes optiques évolue de l'albite à l'anorthite.

[1] *Bull. Soc. Min. fr.*, VII, 249, 1884.
[2] *Les Minéraux des Roches*, 1re partie, p. 36.
[3] *L. c.*, 94.
[4] *L. c.*, 198 et suiv.

En 1890[1], l'étude des *Roches volcaniques des Puys et du Mont-Dore* m'a induit à chercher les caractères précis auxquels on peut recourir pour reconnaître, en plaque mince et *dans des sections orientées au hasard*, celles d'entre elles qui coïncident sensiblement avec g^1 (010). Lorsqu'on peut en outre déterminer l'orientation de l'angle aigu ph^1 (001) (100), les données de Max Schuster deviennent alors applicables et l'étude des zones d'accroissement est facilitée par la disparition des macles de l'albite qui n'en masquent pas les propriétés. L'application à l'étude des roches d'Auvergne[2] montre que cette méthode conduit à de bons résultats ; car ils ont été en partie vérifiés par l'analyse chimique. Tout récemment en effet, M. Fouqué a analysé et étudié par de nouvelles méthodes les grands cristaux des basaltes ophitiques du Mont-Dore ; ses résultats coïncident précisément avec mes propres déterminations.

Néanmoins on peut appliquer, à la recherche de la face g^1 (010), la double critique suivante : elle est assez longue et pénible, comme toute méthode basée sur la recherche en plaque mince d'une face déterminée qui n'a pas beaucoup de chances de se trouver rapidement, malgré la profusion des sections présentées par les plaques minces ; elle ne s'applique pas en général aux microlites très fins, qui, aplatis suivant g^1 (010), disparaissent, pour ainsi dire, quand ils ne se présentent pas à peu près sur leur tranche.

En 1893[3], M. de Fédoroff a fait paraître une remarquable étude sur la série des feldspaths tricliniques, basée sur l'application du principe du théodolite à l'orientation des plaques minces sous le microscope polarisant. Au lieu de laisser constamment la plaque mince perpendiculaire à l'axe du microscope, M. de Fédoroff lui imprime deux rotations successives à angle droit et l'amène ainsi à une orientation numériquement déterminée, après correction de la déviation que la réfraction fait subir au faisceau de lumière parallèle qui sort en définitive suivant l'axe du microscope. M. de Fédoroff se borne à chercher, en lumière parallèle, les positions d'extinction continue qui correspondent

[1] *C. R. A. S.*, 10 novembre 1890.
[2] *Bull. Soc. Géo.*, 674 et suiv., 1891.
[3] *Zeitschr. für Krystallogr.*, XXII, 3.

au cas où le faisceau de rayons polarisés traverse la plaque parallèlement à un axe optique. Cet axe est ainsi déterminé par rapport à une face connue, g' (010) ou p (001) par exemple, suivant laquelle la plaque mince a été taillée. L'extinction de cette face fournit une autre donnée numérique à laquelle M. de Fédoroff superpose l'extinction suivant l'autre pinacoïde p (010) ou g' (001), telle qu'elle résulte des courbes de Max Schuster.

Ainsi les données observées par M. de Fédoroff sont : la position d'un axe optique A dans l'espace et l'extinction suivant un des pinacoïdes p (001) ou g' (010). Il admet pour l'autre pinacoïde g' (001) ou p (010) le chiffre qui se déduit des courbes de Max Schuster et dès lors, en s'appuyant sur le théorème de Fresnel, par une construction simple en projection stéréographique, il détermine l'autre axe optique B, d'où découlent les positions de n_g, n_m, n_p. On remarquera que le chiffre déduit des courbes de Max Schuster ne varierait pas, alors même qu'on supposerait que leurs ordonnées ne sont pas à leur place quant aux rapports de l'albite à l'anorthite.

En d'autres termes, il suffit d'admettre que le rapport entre les extinctions sur p (001) et sur g' (010) a été donné exactement par Max Schuster, sans même s'inquiéter de l'abscisse à laquelle ils correspondent, c'est-à-dire de la composition chimique.

Les résultats de M. de Fédoroff sont en somme très voisins, même pour l'anorthite, de ceux que nous avons donnés dans les croquis en projection orthogonale des *Minéraux des Roches;* M. de Fédoroff les a groupés sur une projection stéréographique perpendiculaire à l'arête verticale $h^1 g'$ (100) (010) du prisme : on y voit, comme dans l'épure (fig. 198 et 199) des *Minéraux des Roches,* n_p partir du plan g' (010) pour l'albite, former une boucle, puis repasser dans ce plan pour un oligoclase basique, précisément suivant l'arête pg' (001) (010), et s'en éloigner définitivement. En même temps n_g se promène non loin du plan perpendiculaire à l'arête pg' (001) (010) et passe plusieurs fois par ce plan, notamment du labrador à l'anorthite.

M. de Fédoroff a donc vérifié et confirmé, par une méthode nouvelle, les données que nous n'avions pas colligées sans difficulté et sans l'appréhension de quelque erreur grave d'orientation, surtout pour l'anorthite dont les données optiques n'avaient pas fait l'objet de déterminations suffisamment précises.

En égard aux observations précédentes, il n'est pas étonnant que les épures de M. de Fédoroff confirment presque entièrement celles des figures 13 et 14 des *Minéraux des Roches*, pour ce qui a trait aux zones principales pg^1 (001) (010) et perpendiculaire à g^1 (010). Il y a cependant deux observations à faire au sujet des figures 20 et 22 de M. de Férodoff. Dans la figure 22, les courbes afférentes à l'albite et à l'oligoclase doivent avoir partout leurs ordonnées changées de signe. Quant à la figure 20, on y voit toutes les courbes des plagioclases passer par le point commun prévu par la théorie, à l'exception de celle de l'anorthite : M. de Fédoroff a supposé en effet que ce feldspath a un de ses axes optiques rigoureusement situé dans g^1 (010). Mes propres observations ne confirment pas cette singularité, non plus que cette anomalie. Ni l'anorthite de la diorite orbiculaire de Corse, ni celle de la Somma n'y satisfont avec rigueur; il y a deux ou trois degrés de différence qui ramènent la courbe de l'anorthite à passer par le point commun de la zone de symétrie et qui identifient la figure 20 de M. de Fédoroff avec la figure 14 des *Minéraux des Roches*. (Voir p. 32, fig. 2, anorthite.)

M. de Fédoroff a en outre appelé l'attention sur un certain nombre de sections intéressantes ; nous verrons plus loin que plusieurs de ses courbes sont inexactes : notamment les courbes afférentes aux extinctions simultanées des macles de l'albite, dans l'albite et dans l'oligoclase, et celles qui se rapportent aux sections dont une série de lamelles hémitropes sont perpendiculaires à un des axes optiques [1]. Malgré ces quelques défectuosités, la tentative de M. de Fédoroff est des plus intéressantes et tout à fait suggestive.

En juillet 1893, M. F. Becke [2] a donné la description d'un procédé qui permet de juger avec une vraie sensibilité de la grandeur relative des indices de réfraction de deux substances qui se touchent intimement en plaque mince. Comme les felds-

---

[1] Figures 15, 16, 17 et 18.

[2] *Ueber die Bestimmbarkeit der Gesteinsgemengtheile auf Grund ihres Lichtbrechungs Vermogens.* Wiener Akad. Juillet 1893, I.

paths sont en série nettement croissante à ce point de vue de l'orthose à l'albite et de l'albite à l'anorthite, l'application de ce procédé a conduit M. Becke à des comparaisons déjà fort intéressantes et même à de véritables déterminations [1], quand les feldspaths étudiés touchent un minéral d'indice connu et voisin, comme le quartz, par exemple.

Nous verrons, à la fin de ce mémoire, que la méthode de M. Becke, qui nous paraît féconde, peut être généralisée et appliquée à la recherche des indices de réfraction, dans de certaines limites.

Une des graves difficultés contre lesquelles se heurtait toute tentative ayant pour objet de dresser des épures vraiment précises, synthétisant les propriétés optiques des plagioclases consistait dans l'inhomogénéité des cristaux étudiés et dans l'incertitude des types chimiques des feldspaths les mieux étudiés au point de vue optique. Il est nécessaire de mettre en œuvre tous les moyens actuellement en usage pour purifier les types qui doivent servir à la fois d'étalons chimiques et optiques, et en outre, parmi les déterminations optiques, d'éliminer celles qui varient trop rapidement pour la moindre erreur d'orientation des coupes minces. La face p (001) est dans ce cas, par exemple, pour les feldspaths basiques.

M. Fouqué a poursuivi, dans ces dernières années, des recherches dont il a bien voulu me communiquer quelques résultats et dont la haute précision doit permettre l'établissement de ces points de repère réellement précis, dont il convient de partir pour chercher à tracer des épures dignes de confiance. Sa méthode, qu'il a exposée dans son cours du collège de France de 1893-1894, consiste à chercher l'extinction, suivant le plan des axes optiques, des plaques perpendiculaires à n_g et à n_p, rapportée aux traces des plans g^1 (010) on p (001). L'écartement vrai des axes, et par suite le signe de la bissectrice aiguë ont été cherchés dans chaque cas. La purification et l'analyse chimique ont soigneusement accompagné chaque feldspath étudié ; enfin, autant que possible n_p et n_g ont été repérés par rapport aux faces p (001) et g^1 (010).

---

[1] *Tonalit der Rieserferner*. T. M. P. Mitth. 1893, 380, XIII.

La méthode de M. Fouqué donne un nouveau moyen de détermination des feldspaths présentant des sections favorablement orientées et donnant une bonne image en lumière convergente. Elle ne supprime pas l'indécision entre les albites et les andésines, car les données numériques qui leur sont afférentes, sont analogues et seulement distinctes par le signe de la bissectrice aiguë, qui est parfois difficile à déterminer en plaque très mince.

PRINCIPE DES NOUVELLES ÉPURES

COORDINATION DES DONNÉES RELATIVES AUX EXTINCTIONS
ET A LA BIRÉFRINGENCE

La tentative de M. de Fédoroff, confirmant dans leur ensemble les croquis des *Minéraux des Roches* et d'autre part les données nouvelles, optiques et chimiques, que M. Fouqué a bien voulu me communiquer, m'ont décidé à entreprendre des épures à grande échelle sur lesquelles, en des points suffisamment rapprochés, j'ai pu inscrire des nombres caractéristiques des principales propriétés optiques de la série des plagioclases

J'ai choisi l'épure stéréographique, à cause de ses propriétés connues, conservation des angles etc. ; j'ai pris, comme plan de projection, la section droite du prisme, d'abord parce que M. Des Cloizeaux a choisi ce même plan pour représenter l'albite et l'anorthite, ensuite parce que la principale zone de symétrie, celle perpendiculaire à g^1 (010), s'y présente fort bien ; les pôles en sont échelonnés suivant le diamètre vertical de la figure. Enfin ce choix permet une comparaison facile avec la tentative de M. de Fédoroff.

Ainsi orientées, avec le pôle de la face p (001) dans le quadrant inférieur de droite, les épures se prêtent à la représentation facile des sections en zone autour d'une droite quelconque contenue dans g^1 (010) ; les pôles de ces sections décrivent un des méridiens passant par le diamètre horizontal. Nous allons voir que ces zones permettent de résoudre facilement les diverses questions à l'étude ; une de leurs propriétés consiste en ce que la trace de g^1 (010) sur chaque plan de la zone est perpendiculaire au méridien passant par le pôle de ce plan ; ce méridien représente en effet le plan de l'espace passant par la normale à g^1 (010) et par la normale à la section considérée.

Le canevas stéréographique à l'encre bleue représente les méridiens de 5 en 5°; ils sont recoupés par des parallèles à g^1 (010) tracés également de 5 en 5°.

La plus importante des données optiques afférentes aux plagioclases coupés dans une lame mince, consiste dans l'angle d'extinction que présente la section, quand on rapporte cette extinction à la trace de la macle de l'albite, c'est-à-dire à celle du plan g^1 (010). Aux principales intersections des méridiens et des parallèles, on a inscrit des nombres qui donnent en degrés ces angles d'extinction. Ils sont comptés de 0 à 90°, positivement à droite de la trace g^1 (010) (caractères à l'encre rouge), négativement à gauche (caractères à l'encre noire), pour un observateur supposé placé au-dessus de l'épure, perpendiculairement à chaque rayon de la sphère, le corps parallèle à la trace g^1 (010), c'est-à-dire aux parallèles, la tête plus haute que les pieds pour le demi-cercle inférieur et plus basse pour le demi-cercle supérieur.

On sait que le théorème de Fresnel est d'une application facile en projection stéréographique : soit Z le pôle d'une section, A et B les traces des axes optiques ; si l'on décrit les deux grands cercles ZA, ZB, l'extinction a lieu suivant les deux grands cercles bissecteurs des angles AZB. Dans l'épure, on a choisi celui des deux qui se trouve dans le même angle AZB que la bissectrice négative n_p; au point de vue pratique l'angle inscrit correspond donc à la direction d'extinction de la section considérée qui donne une réaction optique négative et qui correspond au plus petit indice principal n'_p.

Pour calculer les extinctions, on peut recourir aux formules que j'ai données[1], et qui se rapportent aux extinctions des sections en zone, rapportées à l'arête même autour de laquelle

---

[1] Soit Z le point où l'arête de zone vient percer la sphère, A et B les axes optiques ; posons (*Les Minéraux des Roches*, p. 9)

$$\text{angle } AZB = 2\gamma \qquad \text{angle } AZ = \mu \qquad \text{angle } BZ = \nu$$

Appelons x l'angle du plan mobile de la zone avec le plan bissecteur de

pivotent les sections. Dans le cas qui nous intéresse, les diverses arêtes de zone sont comprises dans le plan g^1 (010) et représentent précisément sa trace qui est la ligne de macle. Chacune des zones comporte une extinction 0° ou 90° et une seule. Il y a, à proprement parler, indétermination dans la face g^1 (010), mais chacune des zones y arrive par un angle limite parfaitement déterminé.

La projection stéréographique se plie très bien à une méthode graphique basée sur une double rotation autour de la normale à g^1 (010) et du diamètre parallèle à la trace de ce plan sur la section droite du prisme, en d'autres termes autour des deux diamètres horizontal et vertical du cercle de l'épure. Au moyen de cette double rotation, on amène un pôle quelconque à coïncider avec le centre de figure O. Les axes optiques A et B occupent alors de nouvelles positions A′ et B′, et l'angle cherché est donné en grandeur et en signe par celui que fait la bissectrice A′ O B′ avec le diamètre vertical.

Il est dès lors possible de constituer une sorte d'abaque donnant méthodiquement les divers points A′, B′, qui correspondent aux pôles situés, par exemple de 10° en 10°, à l'intersection des méridiens et des parallèles tracés en traits de force bleus, dans l'épure stéréographique. Tous les points A′, B′, se trouvent à l'intersection de cercles parallèles au plan normal à g^1 (010) et passant par h^1g^1, (100)(010), et d'autres cercles dont le centre se meut sur la normale à g^1 (010).

l'angle AZB, et y l'extinction comptée à partir de l'arête de zone. On a la relation :

$$\text{Cot. } 2y = \frac{A + B \sin^2 x}{C \cos x + D \sin x}$$

avec les valeurs suivantes de A, B, C, D :

A = Cos μ cos ν — sin μ sin ν cos² γ.
B = Sin μ sin ν.
C = Cos γ sin (μ + ν).
D = Sin γ sin (μ — ν).

La recherche des points, pour lesquels l'extinction est égale à 0° ou à 90°, se résume dans la discussion de l'équation

$$\text{tg } x = \cos γ \frac{\sin (μ + ν)}{\sin (μ — ν)}$$

En effet, la rotation autour de la normale à g' (010) dispose les points A', par exemple, sur un cercle parallèle à g^1 (010). Puis la rotation autour du diamètre vertical de l'épure transporte sur la sphère ce cercle qui, en vertu des propriétés de la projection stéréographique, se projettera suivant une série de circonférences dont les centres seront les projections des sommets des cônes circonscrits.

Une fois l'abaque préparée, on relève en même temps que les angles A'OB', les angles = A'O μ, B'O = ν ; le cercle gradué périphérique donne facilement la première lecture ; les cercles concentriques à O, tracés de 5 en 5° sur l'épure, fournissent avec une approximation suffisante les angles μ et ν et le produit sin μ sin ν donne une notion convenable de la biréfringence, exprimée en dixièmes de la biréfringence maximum.

Comme vérification, les deux angles limites d'extinction, dans g^1 (010), doivent être égaux en valeur absolue et simplement de signes contraires ; ces mêmes angles doivent en outre se succéder régulièrement de zone en zone et varier précisément de l'angle dont on a fait tourner l'arête de zone autour de la normale à g^1 (010). Le produit sin μ sin ν doit être constant pour g^1 (010) et même les angles μ et ν doivent être séparément constants pour cette face, ce qui revient à dire que les points A' et B' afférents à g^1 (010) doivent se trouver sur des cercles concentriques à O. L'erreur commise ne dépasse pas 1° pour les extinctions et 0,05 pour la biréfringence.

Une fois ces divers nombres inscrits à côté des pôles auxquels ils se réfèrent, utilisant une idée qui m'a été suggérée par mon ami et collaborateur M. Le Verrier, j'ai tracé des courbes réunissant d'une part les biréfringences, d'autre part les extinctions de même valeur.

Les courbes de biréfringence se trouvent symétriquement disposées autour des plans principaux d'élasticité optique qu'elles doivent couper à angle droit. La première courbe autour de chacun des axes optiques A et B comprend dans son intérieur tous les points de biréfringence 0, 1 et 2 dixièmes ; elle réunit les points ayant une biréfringence approximative de 0,25. L'intervalle entre cette courbe et la suivante comprend les pôles de 2,5 à 3,5 dixièmes, et ainsi de suite jusqu'à la dernière courbe autour de n_m qui correspond à 8,5 dixièmes de la biréfringence totale et entoure ainsi les pôles à 9 et 10 dixièmes. On a teinté en bistre plus estompé les courbes correspondant aux plus faibles biréfringences, de façon à permettre une approximation immédiate, à la simple vue de la région occupée par le pôle à l'étude.

Les courbes des extinctions sont en traits rouges continus de 10° en 10°, pointillés quand on a dû recourir à des subdivisions plus nombreuses. Toutes ces courbes passent par les pôles de g^1 (010) et par les axes optiques A et B. Il est facile de voir qu'elles doivent s'arrêter à ces axes ; leur prolongation diamétrale se fait par les courbes correspondant aux extinctions complémentaires, changées de signe.

Parmi toutes ces courbes, la plus intéressante est celle qui correspond à l'extinction 0° (trait de force rouge plein) et à l'extinction 90° (trait de force rouge en points longs). Les pôles, situés sur ces courbes, correspondent à des sections qui s'éteignent quand la ligne de macle coïncide avec un des fils du réticule ; elles limitent donc sur l'épure les changements de signe des nombres inscrits : d'un côté les caractères rouges qui correspondent aux extinctions positives, à droite de la trace g^1 (010) dans le sens des aiguilles d'une montre ; de l'autre les caractères noirs correspondant aux extinctions négatives.

Puisque les méridiens représentent les pôles de sections en zone, ne passant qu'une fois par 0° ou par 90°, pour une rotation de 180° du plan mobile de la zone, on voit que la courbe 0° — 90° coupe une fois chaque méridien et ne le coupe qu'une fois. Pour deux de ces méridiens, le point 0° ou 90° coïncidera avec les pôles de g^1 (010) ; ce sont ceux qui passent par les directions principales d'élasticité contenues dans g^1 (010) ; dès lors la courbe 0° — 90° ne coupera pas ces deux méridiens autre part qu'aux pôles g^1 (010) ; mais elle leur sera tangente en ces points.

Les deux grands cercles principaux d'élasticité $n_g n_m$, $n_p n_m$ jouissent également de la propriété de n'être coupés qu'une fois par la courbe 0 — 90° ; quant au cercle $n_g n_p$, il croise en outre la courbe en question aux deux axes optiques A et B.

Un coup d'œil, jeté sur les épures, permet de juger du degré de dissymétrie optique que possède chacun des plagioclases, et de la répercussion que cette dissymétrie fait naître dans la distribution des courbes qui représentent la biréfringence et les extinctions. L'albite est presque symétrique par rapport au plan vertical passant par la normale à g^1 (010) et par $h^1 g^1$ (100) (010) ; l'oligoclase est presque rigoureusement symétrique par rapport à g^1 (010). Dans tous les autres feldspaths la dissymétrie s'accuse plus ou moins ; mais on voit qu'elle se correspond pour ainsi dire, à droite et à gauche de g^1 (010), pour les albites-oligoclases par rapport aux oligoclases-andésines. La distinction est facile, lorsqu'on sait dans quel quadrant se trouve le pôle p (001) ; elle doit être et est, en effet, difficile quand l'orientation du cristal est inconnue.

Macles. — Les plagioclases présentent, avec une constance presque absolue, la macle de l'albite, combinée avec celle de Carlsbad. Les grands cristaux anciens offrent souvent un développement transversal sensible, perpendiculairement à la face g^1 (010) et s'allongent tantôt suivant pg^1 (001) (010), tantôt suivant $h^1 g^1$ (100) (010) ; mais à mesure qu'on s'éloigne de ces types lentement élaborés et accrus par zones successives, on trouve d'une façon à peu près uniforme les plagioclases en lamelles minces, aplaties suivant g^1 (010), composés de deux parties (1) et (2), à peu près d'égale épaisseur, maclées suivant la loi de Carlsbad et présentant, chacune, des lamelles hémitropes suivant la loi de l'albite (1′) et (2′). Il est donc extrêmement important d'avoir pour ainsi dire sous les yeux, pour chaque pôle représentant une section d'une orientation déterminée, non seulement les caractéristiques de l'individu optique (1), mais encore celles des individus (1′), (2) et (2′) définis comme ci-dessus.

L'épure fondamentale (1) donne immédiatement la réponse à ces questions ; l'axe de rotation de la macle de l'albite est la normale à g^1 (010) ; la rotation de 180° amène tous les pôles de l'épure au-dessous du plan de projection ; les pôles diamétralement opposés se reproduisent donc symétriquement par rapport à la trace g^1 (010), c'est-à-dire au diamètre vertical, mais les extinctions sont changées de signe. Ainsi au pôle a appartenant au cristal (1), et qui correspond à une extinction a, la macle de l'albite joint un cristal (1′) dont l'extinction est donnée par le pôle c, changée de signe, soit — c (fig. 1).

Pour la macle de Carlsbad, il y a rotation de 180° autour de l'arète h^1g^1 (100) (010) ; le cristal (2) s'éteindra donc comme le pôle f, symétrique de a par rapport au centre de figure qui correspond à cette arète, et la rotation effectuée n'emporte évidem-

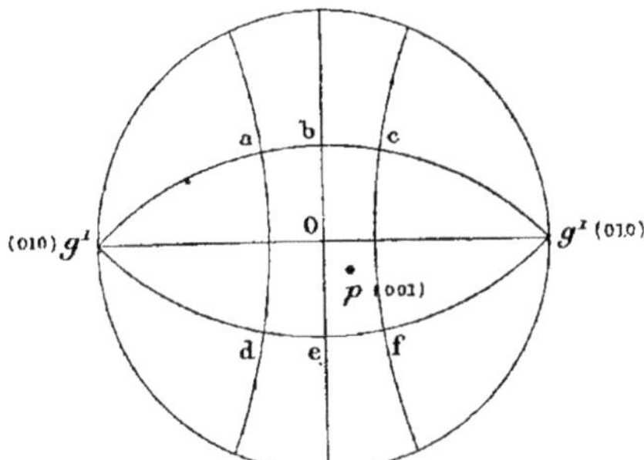

Fig. 1. — Pôles conjugués.

ment aucun changement de signe. L'extinction de (2) sera donc égale à f. On verrait de même que le cristal (2′) s'éteint comme le pôle d changé de signe, soit — d.

Les quatre pôles $acdf$ peuvent donc être dits conjugués les uns des autres.

Les épures, ainsi interprétées, montrent immédiatement l'existence de trois zones de symétrie ; dans la plus importante, perpendiculaire à g^1 (010), les pôles des sections sont situés sur la trace de ce plan qui coïncide avec le diamètre vertical du cercle de projection ; dès lors $c = a$ et $d = f$. Si l'arète de zone coïncide avec l'intersection de g^1 (010) et de la section droite du prisme, les pôles se succèdent sur le diamètre horizontal et l'on a $a = d$ avec $c = f$. Enfin si l'arète de zone coïncide avec h^1g^1 (100) (010), les pôles suivent le cercle de contour de l'épure et les égalités suivantes s'imposent : $a = -f$ avec $c = -d$. Dans le premier cas, les lamelles hémitropes suivant la loi de l'albite (1) et (1′), (2) et (2′) s'éteignent symétriquement de part et d'autre de la ligne de macle. Dans le second cas, ce sont les lamelles (1) et (2'), (1') et (2) qui s'éteignent ainsi ; enfin dans le troisième, il y a extinction symétrique entre (1) et (2), (1') et (2').

Ces considérations montrent aussi que la courbe des extinctions simultanées des lamelles hémitropes, suivant la loi de l'albite, ne peut croiser la courbe 0-90° qu'aux axes optiques et sur le diamètre vertical de l'épure ; car les pôles de ces lamelles doivent être, par raison de symétrie, sur les méridiens du canevas stéréographique, et ces méridiens ne croisent ladite courbe qu'en un seul point. Il est facile de voir, en jetant les yeux sur l'épure de l'albite (pl. I), que la courbe, afférente à ce feldspath et tracée par M. de Fédoroff, est inexacte. En fait on trouve facilement son tracé, soit en suivant chaque méridien de part et d'autre du diamètre vertical, soit en superposant à l'épure un calque retourné des courbes d'extinction ; elle se dirige vers le haut, comme dans les autres fedspaths.

La planche VIII représente graphiquement une dernière donnée qu'il peut être utile de superposer aux précédentes : elle fournit approximativement l'angle que fait la trace du plan p (001) avec la ligne de macle, compté dans le même sens et avec les mêmes signes que ceux des extinctions. Le pôle p (001) choisi est intermédiaire entre ceux de l'albite et de l'anorthite. Il suffit donc de retrancher les nombres de même signe, et d'ajouter ceux de signe contraire, pour pouvoir rapporter les extinctions aux traces que laisse parfois le clivage p (001).

CHOIX DES CONSTANTES OPTIQUES
DES PRINCIPAUX PLAGIOCLASES

L'accord est à peu près complet entre les divers auteurs pour l'albite, l'oligoclase normal Ab_3An_1 et le labrador $1 : 3 : 6,66 = Ab_1 An_1$[1].

L'andésine a dû être interpolée ; car les données actuelles sont discordantes et s'appliquent à des feldspaths de composition très variable.

Pour l'anorthite, nous ne possédons de données à peu près certaines que sur celui de la Somma, qui contient encore un peu d'alcalis ; quelques échantillons authentiques nous ont permis de constater que les deux séries de lamelles hémitropes suivant la loi de l'albite ne deviennent pas rigoureusement perpendiculaires à un axe optique simultanément.

Nous avons choisi, autant que possible, nos types parmi ceux étudiés récemment par M. Fouqué ; comme il a déterminé avec un soin extrême les extinctions perpendiculairement à n_g et n_p, nous avons orienté le plan des axes optiques de façon à obtenir très approximativement les mêmes résultats. Généralement la position de n_g ou de n_p est connue par l'angle que ces axes d'élasticité font avec les plans p (001) et g' (010), parfois avec m(110) ou $t\,(\overline{1}10)$. Dès lors un seul des angles d'extinction, perpendiculairement à cet axe, suffit pour fixer la

---

[1] Nous prenons ces symboles dans le sens que leur a donné M. Tschermak :

$$Ab = Na^2\,Al^2\,Si^6\,O^{16}$$
$$An = Ca^2\,Al^4\,Si^4\,O^{16}$$

position du plan des axes optiques et celle de l'autre axe ; les autres données observées servent alors de vérification. Telles sont les extinctions sur les faces g^1 (010) et p (001), telles aussi les épures de M. de Fédoroff.

On verra, par les détails qui suivent, qu'il y a une coïncidence en somme assez satisfaisante entre ces divers éléments d'information et que la position et la variation des axes d'élasticité et des axes optiques des principaux plagioclases est désormais très approximativement connue, surtout si l'on se borne à demander aux épures les moyens de déterminer les plagioclases et de les orienter.

La planche VIII coordonne les résultats acquis : les courbes en noir résultent des épures I à VII ; celles de M. de Fédoroff donneraient les courbes teintées en bistre. Nous rappelons que les croquis fig. 84 et 85 des *Minéraux des Roches* nous ont amenés dès 1888 à des résultats synthétiques très voisins de ceux que nous donnons ici.

ALBITE (Pl. 1) A*b*. — Les données choisies sont celles de l'albite de Modane.

	p (001)	g^1 (010)	m (110).
n_g *fait avec la normale à*			
Épure.	78°	16° $^1/_2$	129°
Moyenne (Des Cloizeaux, *Ann. Ch. l'h.*).	78°35′	15°	125°20′

	p (001)	g^1 (010)
n_p *fait avec la normale à*		
Épure	74°	89°.

L'angle vrai des axes est de 78° (épure), 75° (Modane, Fouqué). Bissectrice aiguë positive n_g.

Vérifications. — D'après M. Des Cloizeaux, le plan des axes n_g n_p coupe g^1 (010) suivant une trace qui fait 96°28′ avec h^1g^1 (100) (010) et 20° avec pg^1 (001) (010). L'épure donne 97° et 20°.

D'après Max Schuster, l'albite s'éteint sur p (001) à + 5° et sur g^1 (010) à + 20° de l'arête pg^1 (001) (010). L'épure donne + 5° et + 20°.

D'après M. Fouqué, l'albite de Modane donne perpendiculairement à n_p une extinction de 74° rapportée aux traces du plan des axes optiques et de g^1(010), et perpendiculairement à n_g une extinction de 19° rapportée aux traces du plan des axes optiques et de p (001) ; g^1 (010) est très oblique dans ce dernier cas. L'épure donne 75° et 18°.

Les données de M. de Fédoroff sont très analogues.

OLIGOCLASE ANOMAL DE 2ᵉ CLASSE (Des Cloizeaux), *aux confins de l'oligoclase normal* (Pl. II). — Les exemples choisis dans le mémoire de M. Des Cloizeaux, oscillent autour du rapport 1 : 3 : 9,33, correspondant sensiblement à $Ab_4 An_1$.

Le plan des axes $n_g\, n_p$ est perpendiculaire à g^1 (010) ; l'angle vrai des axes est voisin de 90°.

	p (001)	g^1 (010).
n_g *fait avec une normale à*		
Épure	94°	1°
n_p *fait avec une normale à*	p (001)	g^1 (010)
Épure	96°	89°.

Les extinctions sur p (001) et sur g^1 (010), un peu plus faibles que celles de la courbe théorique de Max Schuster, ne peuvent lui être comparées pratiquement, à cause des trop grandes variations constatées par cet auteur dans les oligoclases de Tvedestrand et d'Arendal, notamment pour la section g^1 (010), dans laquelle il cite des oscillations de + 2 à 5° et de + 4 à 7°. L'épure donne sur p (001) + 1° et sur g^1 (010) + 6°.

Perpendiculairement à n_p, l'extinction (comme ci-dessus pour l'albite) est de 90°. Perpendiculairement à n_g et rapportée au clivage p (001), l'extinction est de 1°.

OLIGOCLASE NORMAL DE 3ᵉ CLASSE (Des Cloizeaux), *aux confins de la 4ᵐᵉ classe* (Pl. III). — Les exemples fournis par M. Des Cloizeaux oscillent autour du rapport 1 : 3 : 8,8 correspondant à $Ab_3 An_1$. On a choisi celui pour lequel n_p est compris dans g^1 (010) et se confond presque avec l'arête pg^1 (001) (010).

	p (001)	à g^1 (010)
n_g *fait avec la normale à.*		
Épure	80°	6°
Moyenne (Des Cloizeaux, *Soc. Min. fr.*)	79°	»
n_p *fait avec la normale à*	p (001)	à g^1 (010)
Épure	91°	90°
Backersville (Fouqué)	94°30'	»

L'angle des axes est de 88° (Backersville, Fouqué), de 83° (épure). Il doit être entendu que l'oligoclase de Backersville est, comme composition et comme propriétés optiques, intermédiaire entre les types de la Pl. II et de la Pl. III.

Vérifications. — Le plan des axes $n_g\,n_p$ fait avec g^1 (010) d'après M. Des Cloizeaux un angle de 80 à 85°, d'après l'épure 86°.

D'après Max Schuster, les extinctions sur p (001) et sur g^1 (010) sont à 0° de l'arête pg^1 (001) (010). L'épure donne $+ 1/4°$ et $+ 1°$.

Perpendiculairement à n_p, le plan des axes et la trace g^1 (010) font 87° (Backersville, Fouqué), 84° (épure). Perpendiculairement à n_g, le plan des axes et la trace p (001) font 2° (Backersville, Fouqué), 1° (épure).

ANDÉSINE $Ab_3\,An_2$ à $Ab_3\,An_3$ (Pl. IV). — Cette andésine, correspondant au rapport 1 : 3 : 7, 4 à 1 : 3 : 7, 7, a été interpolée sensiblement à mi-distance entre l'oligoclase $Ab_2\,An_1$ et le labrador $Ab_1\,An_1$ (Voir Pl VIII).

	p (001)	g^1 (010)
Angle *fait avec la normale à*		
n_g (épure)	69°	17°
n_p (épure)	83°	86° 1/2

L'angle 2 V des axes optiques est de 90°.

Extinctions sur p (001) et sur g^1 (010), — 7° 1/2 et — 2°. C'est très sensiblement le résultat fourni par Max Schuster pour l'andésine de Saint-Raphaël : — 8°6′ et — 1° à — 3°6′. Il convient d'ajouter que l'andésine de Saint-Raphaël, parfois très zonée, ne présente pas une composition chimique constante. Elle est en moyenne un peu plus basique que l'exemple choisi et se rapporte à la formule $Ab_3\,An_2$; sa bissectrice aiguë est positive, d'après M. Fouqué.

Perpendiculairement à n_g, le plan des axes fait 13° avec p (001). Perpendiculairement à n_p, il fait 76° avec g^1 (010).

La face $a\,^1/_2$ (201) est presque perpendiculaire à n^p.

LABRADOR PROPREMENT DIT (Pl. V) $Ab_1\,An_1$. — Les analyses des labradors comparés donnent des rapports d'oxygène oscillant entre 1 : 3 : 6,5 et 1 : 3 : 6,66.

n_g *fait avec la normale à*	*p* (001),	à g^1 (010),	à t ($\bar{1}$10).
Épure	58°	27°	52°
Lave de 1720, Pico (Fouqué)	54°	»	»
Moyenne. (Des Cloizeaux, *Ann. Ch. Ph.*).	56°	31°	51°

n_p *fait avec la normale à*	*p* (001),	à g^1 (010)
Épure	74°	82°
Lave de 1720, Pico (Fouqué)	74°	79°

L'angle vrai des axes est de 75° (épure), 77° (Pico, Fouqué). Bissectrice aiguë positive n_g.

Vérifications. — D'après M. Des Cloizeaux, le plan des axes optiques $n_g\,n_p$ coupe g^1 (010) à 27°, 30' de pg^1 (001) (010) et à 37° de h^1g^1 (100) (010). L'épure donne 23° et 41°,30'.

D'après Max Schuster, le labrador d'Ojamo s'éteint dans p (001) à — 5° et dans g^1 (010) à — 16° de pg^1 (001) (010). L'épure donne — 5° et — 14°.

D'après M. Fouqué, le labrador de Pico (Açores) donne perpendiculairement à n_p une extinction de 60° et perpendiculairement à n_g, 20°, rapportés aux traces du plan des axes optiques et de g^1 (010). L'épure donne 65° et 20°.

Les données de M. de Fédoroff (n° 4 en bistre, planche VIII) coïncident sensiblement avec celles de l'épure (n° 3 en noir).

LABRADOR BASIQUE (Pl. VI). Ab_2 An$_4$. — Les analyses des labradors comparés donnent des rapports d'oxygène voisins de 1 : 3 : 6.

n_g *fait avec la normale à*	*p* (001),	à g^1 (010).
Épure	30°	37°
Lave de S. Jorge, Fayal (Fouqué)	49°,30	»

n_p *fait avec la normale à*	*p* (001),	à g^1 (010)
Épure	67°	71°
Lave de S. Jorge, Fayal (Fouqué)	66°	71°.

L'angle vrai des axes est de 78° (épure et Fayal). — Bissectrice aiguë positive n_g.

Vérification. — D'après Max Schuster, le labrador de Kamenoï

Brod s'éteint dans p (001) à — 7° et dans g^1 (010) à — 21° de l'arête pg^1 (001) (010). L'épure donne — 9° et — 17°.

D'après M. Fouqué, le labrador de Fayal (Açores) donne perpendiculairement à n_p une extinction de 58°, et perpendiculairement à n_g, 32°, rapportés aux traces du plan des axes optiques et de g^1 (010). L'épure donne 58° et 32°. Elle est donc entièrement conforme aux données de M. Fouqué qui comportent une vérification ; car la position de n_p et l'angle d'extinction perpendiculairement à cet axe d'élasticité déterminent le plan $n_g\,n_p$.

Les données de M. de Fédoroff différeraient de près de 10°.

ANORTHITE (Pl. VII). — Les données mises en œuvre sont voisines de celles fournies par l'anorthite de la Somma, qui contient encore un peu d'alcalis et correspondrait environ à $Ab_{11}\,An_{200}$.

	p (001),	à g^1 (010)	à m (110).
n_g *fait avec la normale à*			
Épure	40°	47°	
Somma (Fouqué)	36°7′	50° (?)	
n_p *fait avec la normale à*	p (001),	à g^1 (010),	à m (110).
Épure	55°	58°	88°
Somma (Fouqué)	55°36′	57°15′	»
Moyenne (Des Cloizeaux).	55°7′	52°45′	83°10′.

L'angle vrai des axes optiques est de 82° (épure), 78° (Somma. Fouqué). Bissectrice aiguë négative n_p.

Vérification. — La trace du plan $n_g\,n_m$ ferait, d'après M. Des Cloizeaux, 39° 8′ (?) avec pg^1 (001) (010) et 76° 40′ avec h^1g^1 (100) (010). L'épure donne 49° et 75°.

D'après Max Schuster, l'anorthite de la Somma s'éteint sur p (001) à — 33° et sur g^1 (010) de — 37 à — 43° de l'arête pg (001) (010). L'épure donne — 31° et — 37°.

D'après M. Fouqué, l'anorthite de la Somma donne perpendiculairement à n_p une extinction de 55° et perpendiculairement à n_g 48°, rapportés aux traces du plan des axes optiques et de g^1 (010). L'épure donne 55° et 49°.

Les données de M. de Fédoroff diffèrent d'environ 5°.

APPLICATIONS PRATIQUES

Comme on l'a vu dans le résumé des travaux relatifs à l'étude des feldspaths en plaque mince, si on laisse de côté la recherche des indices de réfraction qui n'a, jusqu'à présent, donné des résultats certains que dans des cas assez particuliers, le diagnostic s'appuie sur la recherche de sections déterminées telles que g^1 (010) ou les perpendiculaires aux axes d'élasticité et aux axes optiques; ou encore il recourt aux sections en zones caractéristiques et facilement reconnaissables. C'est par ces dernières que nous commencerons, leurs applications nous paraissant comporter une généralité plus grande et une pratique plus facile que toutes les autres méthodes.

I. — SECTIONS EN ZONES

A. — ZONE PERPENDICULAIRE A g^1 (010)

La zone, de beaucoup la plus utile, est celle dont les sections sont perpendiculaires à g^1 (010), c'est-à-dire au plan d'aplatissement des microlites feldspathiques.

On la reconnaît facilement à plusieurs caractères précis que nous allons d'abord énumérer: 1° c'est la zone de symétrie de la macle de l'albite. Les lamelles (1) et (1′) s'y éteignent donc symétriquement de part et d'autre de la ligne de macle et, si l'on tient compte du signe optique de la direction d'extinction, cette condition nécessaire est aussi suffisante.

2° Les sections de cette zone sont perpendiculaires à g^1 (010) qui est, en même temps, la face d'association des macles de l'albite et de Carlsbad et un plan d'aplatissement favori des plagioclases. De ces propriétés découlent deux conséquences importantes : la ligne de jonction des macles de l'albite doit être extrêmement fine et rectiligne sans parties floues. En outre, les microlites feldspathiques, si petits qu'ils soient, traversent alors normalement la plaque mince ; ils semblent allongés suivant cette trace ; leurs contours sont nets, leur biréfringence est celle que comporte l'épaisseur totale de la plaque mince, pour l'orientation optique considérée dans chaque cas.

3° Les méthodes d'*éclairement commun* (positions d'égale intensité lumineuse) que j'ai décrites [1], donnent un moyen délicat et tout à fait pratique de déterminer si l'on a affaire à une section appartenant à la zone de symétrie perpendiculaire à g^1 (010) : dans ce cas, les huit positions d'égale intensité lumineuse des individus (1) et (1′) maclés suivant la loi de l'albite, se distribuent de la façon suivante : quatre d'entre elles, comportant l'égal éclairement de (1), de (1′) et de leurs recouvrements, sont à 45° de part et d'autre de la ligne de macle ; les quatre autres, comportant l'égal éclairement de (1) et de (1′) seulement et la compensation des parties de recouvrement, se produisent quand un des plans principaux des Nicols croisés et par conséquent un des fils du réticule coïncident avec la ligne de macle. Dès lors le procédé consiste à placer la section dans une de ces quatre positions ; si elle appartient à la zone de symétrie en question, l'éclairement commun des deux séries de lamelles (1) et (1′) se produit ; elles paraissent appartenir à un même cristal et ne sont séparées les unes des autres que par de très fines petites lignes noires. La méthode est extrêmement délicate et, à la moindre obliquité, l'éclairement commun ne se produit plus.

Si le microscope est muni d'une platine mobile autour d'un axe horizontal, telle que les dispositifs récemment préconisés par M. de Fédoroff, on peut amener la trace g^1 (010) à coïncider avec cet axe, puis par une rotation convenable, on établit l'éclairement commun. Pour arriver commodément à ce résultat, il est néces-

---

[1] Voir *Minéraux des Roches*, chap. IV, p. 73, et 81, cas des ellipses E′ identiques.

saire que l'axe de rotation horizontal soit parallèle à un des fils du réticule. Au moment précis où l'éclairement commun se produit, le pinceau de rayons parallèles qui sort suivant l'axe du microscope a traversé la plaque mince parallèlement à g^1 (010). Il est facile de calculer la déviation qu'il a subie dans l'air et par conséquent de déduire de la rotation effectuée l'inclinaison réelle de la face primitive sur g^1 (010).

4° Ainsi, en choisissant les sections à étudier, ou même en modifiant légèrement leur orientation au moyen d'une platine convenablement agencée, on peut étudier de nombreuses sections de la zone de symétrie perpendiculaire à g^1 (010); parmi les microlites de petite taille, ce sont elles qui sautent aux yeux. Il est même possible d'explorer leur voisinage, soit en considérant les sections légèrement dissymétriques, soit en utilisant une platine spéciale.

Les épures jointes à ce mémoire permettent de lire d'un seul coup d'œil la nature et le sens des modifications que comportent une série de sections dont les pôles seraient situés à 80° ou 70° des pôles g^1 (010); il suffit de suivre les extinctions inscrites le long des parallèles immédiatement voisins de la trace de g^1 (010) (diamètre vertical).

5° Le tracé relativement rigoureux des courbes des extinctions dans la zone de symétrie en question a été reproduit figure 2. Il fixe de la façon suivante les maxima afférents aux principaux feldspaths :

Albite Ab	$-16°$
Oligoclase $Ab_4\,An_1$	$+1°$
Oligoclase $Ab_3\,An_1$	$+5°$
Andésine $Ab_5\,An_3$	$+16°$
Labrador $Ab_1\,An_1$	$+27°$
Labrador basique $Ab_3\,An_4$	$+38°$
Anorthite $Ab_{11}\,An_{200}$	$+53°$

Ces maxima, à eux seuls, suffisent, comme on le voit, à caractériser les oligoclases (0 à 5°), les andésines basiques (plus de 16°, moins de 22°), les labradors (de 22 à 35°), les bytownites (de 35 à 45°), enfin les anorthites (au-dessus de 45°). On verra plus loin, au paragraphe consacré à la fréquence de certaines extinctions,

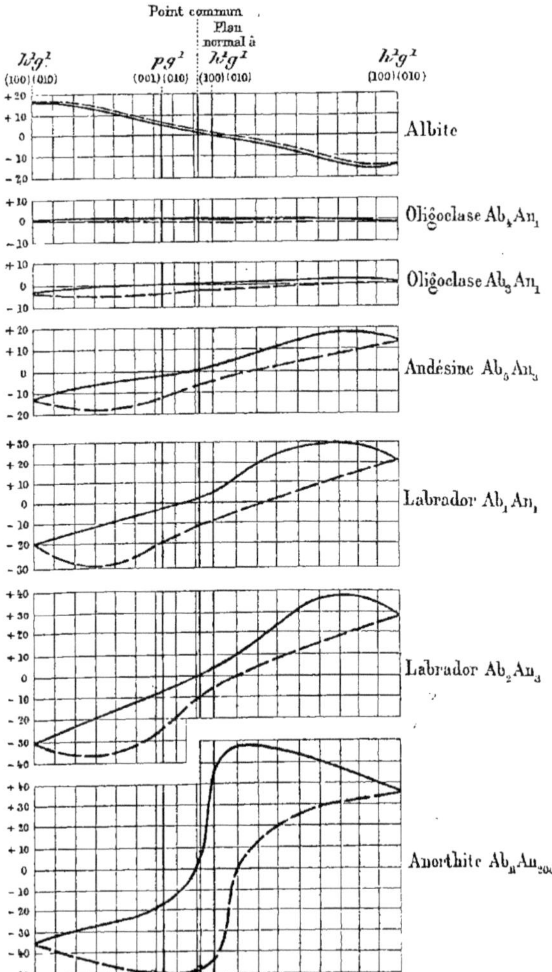

Fig. 2. — Courbes des extinctions dans la zone perpendiculaire à g^1 (010). Les traits pleins se rapportent aux lamelles (1), les points longs aux lamelles (2') maclées suivant la loi de Carlsbad et ensuite de l'albite.

que la recherche de ces maxima est loin d'être pénible et n'exige ni de longues recherches, ni des lectures nombreuses ; ils se présentent pour ainsi dire d'eux-mêmes à l'observateur et, pour les microlites, il n'y a pas lieu de rechercher s'il en existe côte à côte de natures très différentes : dans l'immense majorité des cas, les microlites se sont formés rapidement et présentent une grande prédominance d'une seule espèce de plagioclase.

Il n'y a indécision qu'entre les albites et certaines andésines acides. Tous nos efforts doivent donc tendre à lever cette indécision qui, seule, ôte à la zone de symétrie perpendiculaire à g^1 (010) la propriété d'être constamment et facilement caractéristique.

6° Or on peut, dans bien des cas, arriver à différencier les albites des andésines acides par une méthode très simple et suffisamment rigoureuse, qui s'applique précisément à la plupart des microlites auxquels nous avons vu que les autres procédés sont généralement inapplicables.

La considération des pôles, conjugués symétriquement par rapport à la trace g^1 (010) et au centre de la figure, nous a permis de déterminer d'emblée les extinctions des lamelles hémitropes suivant les lois de l'albite et de Carlsbad (1) (1') et (2) (2'). (Voir fig. 1, p. 21.) Le plus souvent, on trouve les microlites de plagioclases maclés en deux parties égales suivant la loi de Carlsbad ; une des moitiés (1) présente plusieurs fines lamelles (1') ; l'autre (2) en contient moins et peut même n'en pas présenter.

Pour distinguer la macle de l'albite de celle de Carlsbad, c'est encore aux positions d'égale intensité lumineuse qu'il est commode de recourir ; non plus à celles pour lesquelles le fil du réticule coïncide avec la trace g^1 (010), mais bien aux positions qui mettent cette trace à 45° et pour lesquelles l'éclairement commun des lamelles, maclées suivant la loi de l'albite, se manifeste même au droit des superpositions. Alors le microlite de plagioclase paraît monoclinique : dans chacune des deux parties, maclées suivant la loi de Carlsbad, les lamelles hémitropes suivant la loi de l'albite s'effacent, et il semble qu'on ait seulement deux individus accolés comme dans certains orthoses. La moindre rotation fait renaître les lamelles hémitropes et permet de les attribuer, si fines soient-elles, à l'une ou à l'autre des parties principales.

D'où la possibilité immédiate de vérifier si la section appartient à la zone de symétric recherchée, ou de l'y amener (voir § 5), de déterminer le double de l'angle d'extinction d'une des parties (1) et (1') et de vérifier où se fait l'extinction de l'autre (2').

Si cette extinction [1] se fait seulement de 0 à 2° de celle de (1) et si cette dernière a été choisie parmi les sections déjà assez voisines du maximum absolu, on peut affirmer que le plagioclase étudié appartient aux albites ou aux oligoclases acides.

Dès qu'on aborde les oligoclases basiques, cette différence Δ augmente et dépasse 3° ; elle atteint 10° pour l'andésine $Ab_5 An_3$

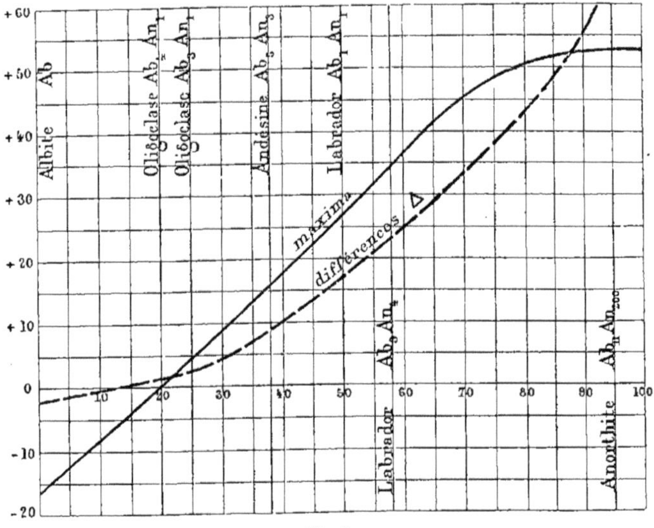

Fig. 3.

Maxima et différences dans la zone de symétric perpendiculaire à g^1 (010).

(1 : 3 : 7,7), dont le maximum absolu (16°) équivaut exactement à celui de l'albite. On peut voir, sur les épures générales, et sur les courbes du diagramme (fig. 2), que les maxima atteints par

---

les différences Δ sont toujours voisins des maxima absolus de la zone de symétrie. Ils s'exagèrent entre les labradors et les anorthites et passent de 23° à 94° dans un espace restreint. Les courbes du diagramme (fig. 3) achèvent donc de donner à la zone de symétrie normale à g^1 (010) une valeur tout à fait caractéristique.

Il convient de remarquer que la symétrie presque absolue (au point de vue optique) de l'albite par rapport au plan perpendiculaire à g^1 (010) et passant par h^1g^1 (100) (010), ferait pour ainsi dire disparaître la macle de Carlsbad, en plaques minces, si la distribution inégale des lamelles suivant la loi de l'albite ne rendait évident le partage des sections en deux parties distinctes : l'éclairement commun, à 45°, est presque le même, et il n'y a en tout que deux extinctions. Dans l'andésine, la différence des éclairements communs est déjà frappante.

7° Les épures générales permettent de traiter le problème d'une façon encore plus approfondie et de déterminer tout à la fois sur une seule section, simplement voisine de la zone de symétrie perpendiculaire à g^1 (010), non seulement la nature du feldspath, mais son orientation.

Pour plus de simplicité dans la description du procédé, nous supposerons d'abord que l'on s'est à peu près rendu compte de la nature du feldspath à l'étude, et que l'on dispose d'une platine Fédoroff. Par une rotation convenable, on amène la section dans la zone de symétrie et on lit les extinctions suivantes :

$$(1) = + b \qquad (1') = - b \qquad (2) = + e \qquad (2') = - e$$

La zone de symétrie de chaque feldspath passe au plus deux fois par la valeur b ; à chacune de ces valeurs b correspondent des valeurs e différentes ; la lecture de e suffit donc en général pour déterminer la place approximative occupée par le pôle (1), c'est-à-dire la position, dans le cristal (1), de l'angle ph^1 (001) (100) obtus.

Pour arriver à une détermination analogue, quant à l'angle pg^1 (001) (010), nous tournerons l'axe horizontal de la platine de 16 à 17° dans l'air, équivalents à un angle vrai d'environ 10°, et nous amènerons ainsi par exemple le pôle (1) à coïncider avec le parallèle à g^1 (010) situé à 80° du pôle g^1 de gauche. Les extinctions se sont transformées et sont devenues dissymétriques ; nous lisons

$$(1) = a \qquad (1') = -c \qquad (2) = f \qquad (2') = -d$$

Si, dès lors, nous avions à poser, sur une épure, les six nombres $abcdef$, nous les disposerions de la façon suivante : b et e sur le diamètre vertical de l'épure, à égale distance du centre ; a et d sur un parallèle à g^1 (010), à gauche du diamètre vertical : c et f

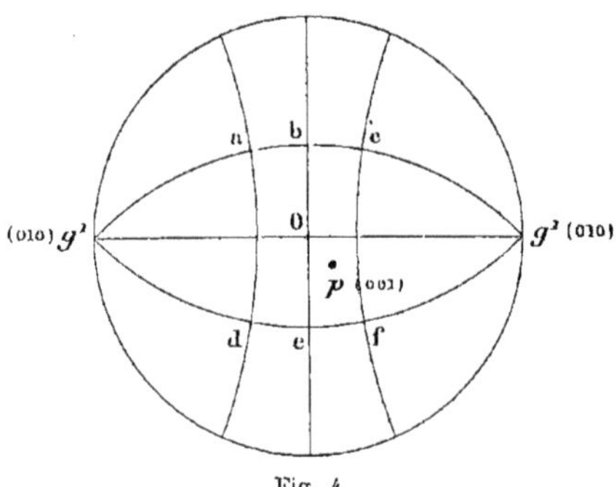

Fig. 4.

sur le parallèle symétrique à droite. D'ailleurs abc seraient sur un méridien passant par les pôles de g^1 (010), et def seraient sur le méridien symétrique par rapport au diamètre horizontal. Quant aux nombres à inscrire (fig. 4), nous nous sommes arrangés pour les prendre avec le signe +, en changeant de signe les extinctions (1') et (2').

C'est donc avec les séries de nombres

$$a\ b\ c$$
$$d\ e\ f$$

qu'il nous faut comparer les données des épures générales. Mais auparavant, nous remarquerons que ces épures ont été tracées en plaçant le pôle p (001) dans le quadrant inférieur à droite : nous avons déjà vu que la comparaison des nombres b et e suffit en général pour nous permettre de n'hésiter (fig. 4) qu'entre les deux quadrants inférieurs. Néanmoins conservons au cas présent toute sa généralité : si p (001) est dans le quadrant inférieur de droite, c'est en effet avec

$$a\ b\ c$$
$$d\ e\ f$$

qu'il faut comparer les épures générales. S'il est dans un quelconque des autres quadrants, il faut, par des rotations et des changements de signe convenables, amener la figure 4 à le contenir dans le quadrant inférieur de droite ; on est ainsi conduit à dresser le tableau suivant :

Quadrant inférieur de droite . . . . $\left\{\begin{array}{l} a\ b\ c \\ d\ e\ f \end{array}\right.$

   —   —   de gauche. . . . . $\left\{\begin{array}{l} -\ (c\ b\ a) \\ -\ (f\ e\ d) \end{array}\right.$

   —   supérieur de gauche . . . . $\left\{\begin{array}{l} f\ e\ d \\ c\ b\ a \end{array}\right.$

   —   —   de droite. . . . . $\left\{\begin{array}{l} -\ (d\ e\ f) \\ -\ (a\ b\ c) \end{array}\right.$

Non seulement, en général, les six nombres lus sont caractéristiques, mais l'ordre de leur lecture et leur signe permettent d'orienter définitivement le cristal (1) et de spécifier dans quel quadrant se trouve le pôle p (001).

Il y a cependant deux cas où, par la nature même des choses, la méthode précédente est partiellement en défaut : c'est quand le feldspath considéré est presque optiquement symétrique par rapport au plan perpendiculaire à g^1 (010) et passant par h^1g^1 (100) (010) ; tel le cas de l'albite ; ou par rapport au plan g^1 (010) ; tel est celui d'un des oligoclases acides.

Dans le cas de l'albite, on trouve facilement le côté où l'angle pg^1 (001)(010) est obtus ; c'est à la fois celui vers lequel tous les pôles des sections ont leur biréfringence croissante, ainsi que la valeur absolue de leur angle d'extinction ; mais il est presque impossible de savoir où est l'angle ph^1 (001) (100) obtus.

Dans le cas de l'oligoclase et pour des raisons analogues, la recherche du côté ph^1 (001) (100) obtus est possible ; celle de l'angle obtus pg^1 (001) (010) ne peut aboutir avec certitude.

8° La comparaison attentive des groupements possibles

$$\pm\ (a\ b\ c,\ d\ e\ f)$$
$$\pm\ (c\ b\ a,\ f\ e\ d)$$

avec les nombres des tableaux suivants, empruntés aux épures générales, montre que le problème posé est en somme résolu avec

$$b \text{ ou } e = 5°$$

	a b c ou d e f	CROIT en valeur absolue ↗ / DÉCROIT en valeur absolue ↘	d e f ou a b c	↗ ↘	OBSERVATIONS
Albite, en haut . .	− 3 − 5 − 7	↗	+ 4 + 6 + 7 ½	↗	Il y a indécision sur la position de *ph'* (001) (100) obtus.
— en bas. . .	+ 3 ½ + 5 + 6 ½	↗	− 4 ½ − 6 − 8	↗	
Oligoclase, en haut.	+ 4 + 5 + 5	↗	− 6 − 1 ½ (°) + 2	↘	Maximum.
Andésine, en haut.	+10 + 5 + 2	↘	+ ½ (°) − 1 − 2	↘	
— en bas .	− 7 − 5 − 4	↘	+14 +15 +17	↗	
Labrador, au centre	+ 7 ½ + 5 + 2	↘	+ 7 ½ + 5 + 2	↘	
— en bas. .	− 3 ½ − 5 − 6 ½	↗	+21 +20 +23	↘	
Anorthite, en haut.	+11 + 5' − 75	↘↗	+38 +52 +70	↗	' Voisinage de l'axe optique B.
— en bas	+ 8' − 5 − 70	↘↗	+40 +53 +68	↗	

$$b \text{ ou } e = 10°$$

	a b c ou d e f	croît / décroît	d e f ou a b c		OBSERVATIONS
Albite, en haut . .	− 8 −10 −12	↗	+ 6 ½ + 8 ½ +10 ½	↗	
— en bas. . .	+ 8 +10 +12	↗	− 9 −11 −12	↗	
Andésine, en haut.	+13 +10 + 7	↘	− 3 − 3 − 3	=	
— en bas .	−13 −10 − 6	↘	+12 +15 +18	↗	
Labrador, en haut.	+12 +10 + 7	↘	+ 4 + 2 (°) − 1	↘	' Voisinage de l'axe d'élasticité n_p.
— en bas .	−10 −10 −10	=	+26' +27 +29	↗	
Anorthite, en haut.	+11 +10' −80	↘	+35 +50 +75	↗	' Voisinage de l'axe optique B.
— en bas .	+ 8 (°) −10 −65	↘	+40 +53 +65	↗	

$$\mathbf{b}\ ou\ \mathbf{e} = 16°$$

| | a | b | c | CROIT en valeur absolue ╱ / DÉCROIT en valeur absolue ╲ | d | e | f | ╱ ╲ | OBSERVATIONS |
	d	e	f		a	b	c		
Albite, en haut. .	$+16\,^1/_2$	$+16^1$	$+17$	╲╱	$-14\,^1/_2$	-15	$-16\,^1/_2$	╱	MAXIMUM. ' Voisinage de n_p.
Andésine, en haut.	$+14\,^1/_2$	$+16^1$	$+18$	╱	$-8\,^1/_2$	$-6\,^1/_2$	$-4\,^1/_2$	╲	MAXIMUM. ' Voisinage de n_p.
Labrador, en haut.	$+17$	$+16$	$+15$	╲	$+1(°)$	-2	-5	╲╱	
— en bas .	-17	-16	-14	╲	$+23$	$+24$	$+27$	╱	
Anorthite.	$+15$	$+16(9°)^1$	-78	⋀	$+38$	$+51$	$+68$	╱	' Voisinage de l'axe optique B.
	0	-16	-54	╱	$+42$	$+52$	$+65$	╱	

$$\mathbf{b}\ ou\ \mathbf{e} = 20$$

| | a | b | c | | d | e | f | | OBSERVATIONS |
	d	e	f		a	b	c		
Labrador, en haut.	$+21$	$+20$	$+20$	═	-2	-4	-6	╱	
— en bas .	-22	-20	-18	╲	$+19$	$+21$	$+23$	╱	
Anorthite, en haut.	$+16$	$+20^1(°°)$	-85	⋀	$+36$	$+51$	$+71$	╱	' Voisinage de l'axe optique B.
— en bas .	-5	-20	-45	╱	$+43$	$+53$	$+63$	╱	

$$\mathbf{b}\ ou\ \mathbf{e} = 26$$

| | a | b | c | | d | e | f | | OBSERVATIONS |
	d	e	f		a	b	c		
Labrador, en haut.	$+26^1$	$+26$	$+28$	═	-12	-12	-11	═	MAXIMUM. ' Voisinage de l'axe d'élasticité n_p.
Anorthite, en haut.	$+18$	$+26(9°)$	-86	⋀	$+43$	$+51$	$+72$	╱	
— en bas.	-20	-26	-36	╱	$+45$	$+51$	$+57$	╱	

toute sa généralité : étant donnée une section quelconque, voisine
de la zone de symétrie perpendiculaire à g^1 (010) et présentant
les macles de l'albite et de Carlsbad, on peut en général détermi-

ner le feldspath auquel on a affaire et l'orientation des diverses lamelles.

9° Si l'on ne dispose pas d'une platine à axe horizontal de rotation, il est néanmoins possible d'utiliser les données précédentes ; car elles représentent pour ainsi dire la différentielle des variations que subissent, au voisinage de la zone de symétrie, les extinctions des diverses lamelles hémitropes.

Sauf pour la partie centrale de la zone dans l'anorthite, qui se reconnaît, en général, par le voisinage immédiat de l'axe optique B ou par des variations dépassant 90°, on peut remplacer approximativement b par $\dfrac{a+c}{2}$ et e par $\dfrac{d+f}{2}$. Dès lors, il suffit de choisir une section qui soit simplement voisine de la zone de symétrie, ce que l'on reconnaît par les petites différences entre a et c, d et f et aussi par le peu d'épaisseur des parties de recouvrement, dans les positions d'égale intensité lumineuse pour lesquelles la trace g^1 (010) s'écarte peu des fils du réticule.

Il suffit donc de la coexistence des macles de l'albite et de Carlsbad pour permettre la détermination d'une section transversale quelconque des microlites de plagioclase, et l'on obtient en outre une notion très approximative de l'orientation de cette section.

B. — ZONE PASSANT PAR

LA NORMALE

A $h^1 g^1$ (100) (010), SITUÉE DANS g^1 (010)

Nous avons déjà remarqué (p. 24) que les pôles de cette section sont répartis sur le diamètre horizontal de l'épure. Elle comprend g^1 (010) et la section droite du prisme ; les lamelles (1) s'éteignent symétriquement avec les lamelles (2') et les lamelles (1') avec les lamelles (2).

Au moyen des procédés de l'éclairement commun, on peut mettre assez facilement à jour cette propriété, tout au moins pour les sections de la zone qui ne sont pas trop voisines de g^1 (010).

Quoi qu'il en soit et en se bornant à l'étude des sections qui ne font pas plus de 50° au maximum avec la section droite du prisme, cette zone est très caractéristique pour les feldspaths acides ; elle permet non seulement de distinguer l'albite de l'andésine, mais de séparer les oligoclases.

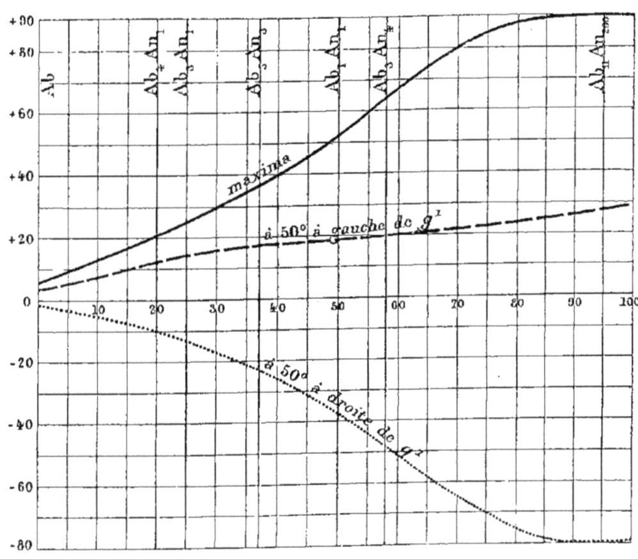

Fig. 5.

Zone passant par la normale à $h^1 g^1$ (100) (010), située dans g^1 (010).

Le diagramme (fig. 5) rend compte de ces diverses propriétés ; elles se résument ainsi : le maximum absolu de la zone est toujours au voisinage de g^1 (010) et elle croît régulièrement à partir d'un point voisin de $h^1 g^1$ (100) (010).

	Maximum absolu.	Extinctions à 50' de $h^1 g^1$ (100) (010)	
		à gauche	à droite.
Albite	6°	+ 4°	— 2° 1/2
Oligoclase, $Ab_4 An_1$	20°	+ 12°	— 10° 1/3
Oligoclase, $Ab_3 An_1$	25°	+ 13°	— 13°
Andésine, $Ab_5 An_3$	34°	+ 17° 1/2	— 22° 1/2
Labrador, $Ab_1 An_1$	52°	+ 19°	— 37°
Anorthite	90°	+ 30°	— 79°.

On voit que tous ces accroissements sont continus de l'albite à l'anorthite et cette zone serait la plus caractéristique et la plus commode, s'il était facile d'en découvrir les sections.

C. — ZONE PARALLÈLE A $h^1 g^1$ (100) (010)

Nous nous contenterons de mentionner cette zone de symétrie, dans laquelle les lamelles (1) et (2) s'éteignent symétriquement, ainsi que (1') et (2'). Ses données numériques sont pratiquement peu concluantes, notamment pour les plagioclases acides qui y présentent des variations d'extinction trop étendues. Les données numériques afférentes à cette zone sont naturellement réparties sur les cercles limitant extérieurement les épures.

D. — ZONE PARALLÈLE A pg^1 (001) (010)

Cette zone, parallèle aux deux clivages faciles des feldspaths, est d'une application courante dans les variolites et toutes les fois que les plagioclases arborisés montrent des formes naissantes, des cristallites de prise rapide. Ils sont alors, en effet, très allongés suivant pg^1 (001) (010) : ce n'est que d'une façon tout exceptionnelle que MM. Williams et Iddings ont rencontré des sphérolites d'orthose à fibres allongées suivant $h^1 g^1$ (100) (010).

L'allongement normal de l'orthose fibreux, lui-même, se fait suivant pg^1 (001) (010), comme en témoignent de nombreux sphérolites des orthophyres et des microgranulites basiques ; quant aux sphérolites de plagioclases, je ne connais pas une exception à la règle posée plus haut.

Les nombres, afférents à la zone pg^1 (001) (010), s'échelonnent sur le méridien passant par les pôles p (001) et g^1 (010), à environ 26° au-dessous du plan perpendiculaire à g^1 (010) et passant par $h^1 g^1$ (100) (010). On y constate les particularités suivantes :

Albite de 0° (entre p et pg^1 obtus).

      à un maximum de . . . . 20°   (près de g^1).

Oligoclase. $Ab_4 An_1$ de 0° à . . . . 1/2°   (entre p et pg^1 aigu).

Oligoclase. $Ab_3 An_1$ de 0° à . . . . 0°

Andésine de 0° (près de p, entre p et pg^1 obtus)à. 7°   (dans g^1).

Labrador de 0° (entre p et pg^1 obtus) à. . . . . 18°   (près de g^1 entre p et pg^1 aigu).

Labrador basique de 0° (entre p et pg^1 obtus) à . 32°   (près de g^1 entre p et pg^1 aigu).

Anorthite de 0° (entre p et pg^1 obtus) à . . . . 55°   (près de g^1 entre p et pg^1 aigu).

On voit qu'ici la confusion peut s'établir entre les albites d'une part, et les andésines les plus basiques jusqu'aux labradors d'autre part. C'est aux oligoclases et aux andésines acides que s'appliquent les petites extinctions ; à partir du labrador proprement dit, l'angle maximum d'extinction dépasse rapidement ceux qui peuvent convenir aux albites. Il est remarquable que la zone pg^1 (001) (010) contienne toujours un plan voisin d'être perpendiculaire à la bissectrice positive n_g.

RÉSUMÉ GÉNÉRAL RELATIF AUX ZONES DE SYMÉTRIE

En résumé, l'emploi de la zone de symétrie perpendiculaire à g^1 (010) est, pour les plagioclases en lame mince, le moyen de diagnostic le plus assuré et le plus général. Quand la macle de l'albite se montre, il conduit à lui seul à des résultats caractéristiques par la voie la plus courte et par des méthodes d'application rapide et facile. La tâche est facilitée et la distinction entre l'albite et certaines andésines est assurée, quand on a quelques exemples combinés des macles de l'albite et de Carlsbad, ce qui est un cas très fréquent. La méthode des positions d'égale intensité lumineuse (éclairement commun) constitue un moyen commode pour la recherche de ces diverses macles, et pour celle des sections convenablement orientées. L'emploi, d'ailleurs utile, de la platine universelle préconisée par M. de Fédoroff, n'est pas nécessaire, même pour l'utilisation des sections qui, voisines de la zone de symétrie, ne coïncident pas entièrement avec elle.

Après cette zone d'usage universel et en outre à peu près exclusif pour les microlites de petite taille, il nous faut citer la zone pg^1 (001) (010) avec ses résultats, d'ailleurs comparables, pour toute la classe des variolites et des porphyrites ou andésines à plagioclases arborisés ou sphérolitiques.

Avant de passer aux méthodes consistant à rechercher *une* section spéciale d'orientation déterminée, nous ferons ressortir que le hasard seul ne préside pas à la répartition des extinctions d'un feldspath donné ; en d'autres termes, nous croyons que les lois du plus grand nombre permettraient de déterminer la plupart des feldspaths, en multipliant suffisamment la lecture des extinctions rapportées aux traces g^1 (010).

En effet, la répartition des courbes d'extinction met en évidence que chaque feldspath possède, entre certaines limites, des nombres favoris d'extinction rapportée à la trace de g^1 (010). Il existe sur chaque épure des points singuliers (marqués d'une étoile rouge) de variation minima et se trouvant à la croisée de deux courbes d'égale extinction, tandis que tout autre point ne correspond qu'à une seule de ces courbes.

Dans l'anorthite par exemple, les points singuliers correspondent à des extinctions de 32° et de 41°. Les pôles compris entre 30 et 50" en valeur absolue, occupent, pour ce plagioclase, plus de la moitié de la sphère. Si l'on cherche la chance qu'on a de tomber sur une extinction supérieure à 30", on trouve que, pour l'anorthite, cette chance est supérieure à 3 sur 4.

Voici le tableau des extinctions auxquelles correspondent les points singuliers des feldspaths étudiés :

	En haut.	En bas.	Moyenne.
Albite	1/2	15°	7° 3/4.
Oligoclase. Ab_4An_1	1/4	1/4	1/4.
Oligoclase. Ab_3An_1	4°	1/2	2° 1/4.
Andésine	14°	1°	9°
Labrador	25°	9°	17°
Labrador basique	36°	21°	28° 1/2.
Anorthite	41°	32°	36° 1/2.

La surface de la sphère, occupée par les petites extinctions, varie à peu près en sens inverse des moyennes précédentes : si l'on

considère par exemple la surface occupée par les pôles des faces
s'éteignant de + 5° à — 5°, c'est-à-dire de 0 à 5° en valeur absolue,
on les voit occuper des lisérés insignifiants le long de la courbe 0°,
dans les anorthites et dans les labradors. Dans l'andésine, cette
surface s'accroît considérablement et se groupe autour de p (001)
et de la zone pg' (001) (010). Les oligoclases présentent un enva-
hissement de près de moitié de la sphère ; il y a une chance sur
deux de lire au hasard une extinction comprise entre 0 et 5° ;
toute la zone de symétrie perpendiculaire à g' (010) en est large-
ment bordée.

Quant à l'albite, la surface se resserre et ressemble à celle de
l'andésine ; mais elle borde la zone de symétrie autour de la normale à $h'g'$ (100) (010) et c'est là une des caractéristiques utiles
de l'albite, coïncidant d'ailleurs avec sa symétrie optique autour
d'un plan passant par $h'g'$ (100) (010) et normal à g' (010).

De pareilles propriétés permettent de déterminer sans difficulté
et, pour ainsi dire, au premier coup d'œil les oligoclases et les
anorthites.

Les anorthites ne peuvent être confondus avec aucun autre feldspath. Quant aux oligoclases, il ne faut pas perdre de vue que
leurs propriétés sont très voisines de celles des anorthoses ; il
convient alors de recourir soit à la détermination des indices de
réfraction, soit à celle de l'angle des axes optiques, beaucoup plus
petit autour d'une bissectrice aiguë toujours négative, dans les
anorthoses.

II. — RECHERCHE DE SECTIONS DÉTERMINÉES

Le remarquable travail de Max Schuster sur les plagioclases[1], si heureusement complété par l'application théorique due à M. Mallard[2], a mis en lumière le parti qu'on peut tirer des extinctions sur une face quelconque, à condition de pouvoir en distinguer le sens. A ce point de vue, la face g^1 (010) est la plus commode, parce qu'elle élimine la macle de l'albite et que, d'autre part, elle échelonne les extinctions entre des nombres assez espacés. Le diagramme ci-joint reproduit la courbe due à Max Schuster et y repère les feldspaths de nos épures.

Pour utiliser[3] les extinctions en plaque mince et lorsqu'on a affaire à des sections feldspathiques semées au hasard de la coupe, il faut : 1° savoir reconnaître les sections voisines de g^1 (010) et juger approximativement de l'erreur commise sur leur orientation ; 2° déterminer l'angle obtus ph^1 (001) (100).

1°a. Les sections g^1 (010) étant parallèles à la face d'association de la macle de l'albite, les lamelles hémitropes et leurs recouvrements doivent s'élargir et même disparaître à la limite, en même temps que leur extinction devient la même ; car l'ellipse des indices revient sur elle-même dans g^1 après une rotation de 180°.

---

[1] Max Schuster. *Ueber die optische Orientirung der Plagioklase.* — Tschermak. M. P. Mittheil. 1880, III, 117.

[2] Mallard. *Sur l'isomorphisme des feldspaths tricliniques.* B. Soc. Min. fr. 1881, IV, 96.

[3] C. R. 10 nov. 1890. — *Bull. Soc. Géo.*, 1890. Réunion à Clermont-Ferrand. *Etude sur les roches des Puys et du Mont-Dore.*

Si dans une plaque de $0^{mm},02$ d'épaisseur (e), les recouvrements de deux lamelles voisines atteignent par exemple une largeur (l)

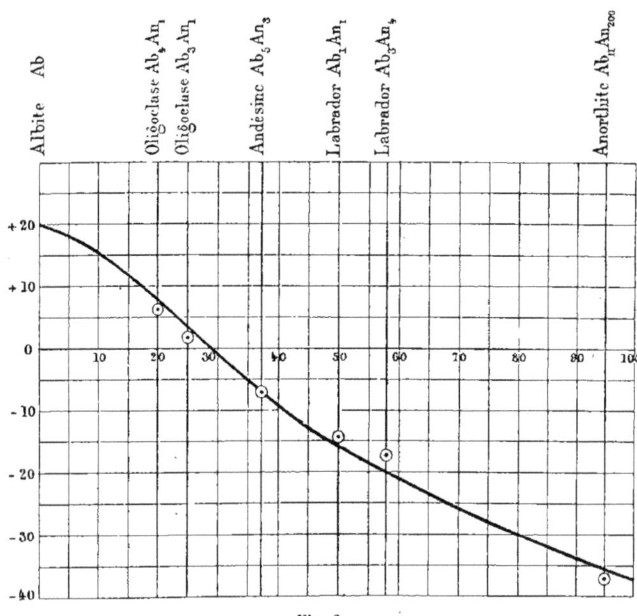

Fig. 6.

Extinctions sur g^1 (010), rapportées à l'arête pg^1 (001) (010) et positives dans l'angle obtus ph^1 (001) (100).

de $0^{mm},3$, on aura évidemment, en appelant α l'angle que fait g^1 avec la plaque mince :

$$\operatorname{tg} \alpha = \frac{e}{l} = \frac{0,02}{0,3} = \frac{1}{15}$$

α est inférieur à $4°$. Nous verrons plus loin l'erreur qui serait commise, de ce chef, sur les extinctions.

b. La macle de Carlsbad a aussi, comme face d'association, la face g^1 (010) ; elle devrait donc disparaître dans les sections parallèles à g^1 (010) ou plutôt ne plus agir que par superposition de deux individus optiquement différents ; car l'ellipse des indices

est alors retournée autour de h^1g^1 (100) (010) et celle de la macle
vient prendre dans g^1 (010) une position symétrique par rapport à
la direction h^1 (100). En réalité, dans la macle de Carlsbad, à
l'inverse de celle de l'albite, la jonction n'est pas plane ; il y a
pénétration réciproque souvent très irrégulière et les sections,
même rigoureusement parallèles à g^1 (010), montrent très souvent deux individus juxtaposés et en partie superposés, en un
mot se pénétrant suivant une ligne plus ou moins sinueuse et
irrégulière. Lorsque la trace des clivages faciles p (010) est bien
visible, il est nécessaire qu'ils fassent entre eux un angle d'environ 128° ; mais c'est là une condition qui n'est pas suffisante et
qui n'acquiert une véritable valeur que si les extinctions de
même signe des deux individus maclés se font symétriquement
par rapport à la bissectrice de l'angle de 128° ; il n'y a plus alors
qu'une seule autre section de la zone h^1g^1 (100) (010) qui jouisse
de la même propriété.

c. Souvent on peut distinguer, soit au moyen des zones
d'accroissement, soit par des contours ex-
térieurs nets, les faces qui limitent la section supposée parallèle à g^1 (010). Ces faces
sont, par ordre de fréquence, p (010),
$a^{1/2}$ (201), a^1 (101), m (110), t ($\bar{1}$10), $o^{1/2}$ (201),
$a^{3/2}$ (203). Le profil de leurs angles cons-
titue une assez bonne vérification (fig. 7
pour l'albite).

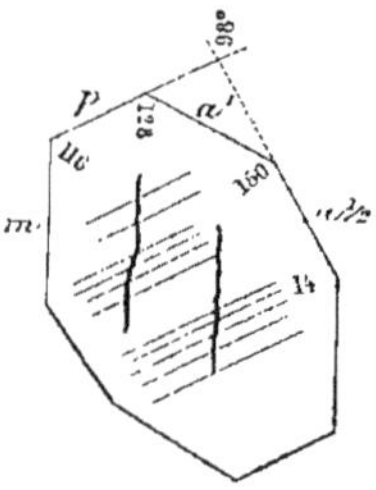

d. Assez souvent le clivage p (001) est
jalonné par de fines cassures rectilignes,
surtout visibles aux forts grossissements et en abaissant le polariseur. Parfois on tire une excellente vérification de cassures
plus grossières, mais plus visibles, parallèles aux clivages m (110)
ou t ($\bar{1}$10).

La recherche des fines cassures p (001) est facilitée par deux
circonstances : elles sont toujours assez voisines de la direction
négative n'_p d'extinction, puisque cette dernière oscille entre
$+ 20°$ et $- 36°$. Elles sont souvent jalonnées par de fines
lamelles hémitropes suivant la loi du péricline.

e. Nous n'avons pas parlé jusqu'à présent de cette macle parce

Fig. 7.

qu'au point de vue optique, elle se confond presque rigoureusement avec les individus (1') maclés suivant la loi de l'albite ; mais il plane une certaine incertitude sur la face d'association qui lui est propre ; en tout cas, pour les oligoclases et les andésines, cette face se confond presque avec p (001), et il ne m'a pas semblé qu'elle s'en éloignât sensiblement dans le labrador. Par contre, l'abondance des lamelles, maclées suivant la loi du péricline, gêne le diagnostic tiré de l'effacement de la macle suivant la loi de l'albite, surtout dans l'anorthite où la macle du péricline prédomine parfois sur celle de l'albite. Dans l'anorthite de Saint-Clément, la face d'association est à environ — 15° de p (001), dans la zone ph^1 (001) (100) et dans l'angle aigu pg^1 (001) (010).

f. — Il nous reste à recourir aux images en lumière convergente : la bissectrice n_g est visible dans la face g^1 (010) pour l'albite, l'oligoclase et l'andésine. L'oligoclase anormal de deuxième classe (pl. III) donne une image presque centrée, avec une extinction à + 6° dans g^1 (010).

Comme les zones concentriques d'accroissement des plagioclases atteignent le plus souvent, à la périphérie, suivant un mince liséré, une acidité qui implique le centrage de l'image en lumière convergente, il est utile de procéder à cette vérification.

2° Une fois la section convenablement choisie, il est nécessaire de l'orienter, c'est-à-dire d'y découvrir la trace de p (001) et celle de l'arête du prisme. On sait en effet que l'extinction sera positive, au sens de Max Schuster, quand elle se fera dans l'angle obtus ph^1(001) (100), et inversement.

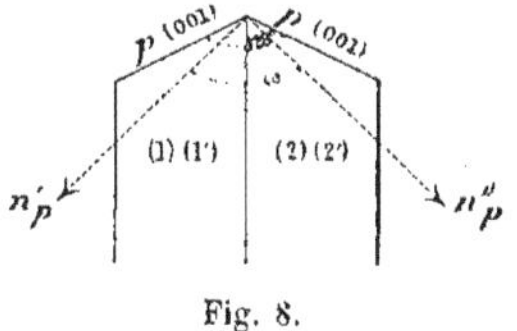

Fig. 8.

a. L'existence de la macle de Carlsbad, combinée avec la trace des clivages faciles p (001), donne la solution complète du problème ; il suffit de mesurer l'angle compris entre deux extinctions de même signe ; afin d'éviter toute erreur, il convient de choisir, parmi les deux angles supplémentaires, celui ω qui a la même bissectrice que l'angle à 128° des clivages p (001).

Pour l'*Albite* . . . . . $\omega = 168°$, extinction à $+ 20°$ dans g^1 (010).
— *Oligoclase.* . . . . . $128°$ $0°$
— *Andésine.* . . . . . $112°$ $— 8°$
— *Labrador.* . . . . . $96°$ $— 16°$
— *Anorthite.* . . . . . $54°$ $— 37°$

b. Quand on peut déchiffrer un des profils p (001), a^1 (101), $a^{1/2}$ (201), ou seulement repérer le clivage p et les cassures grossières m (110) ou t ($\overline{1}10$), on connaît l'angle aigu ph^1 (001) (100) : la trace h^1 (100) se trouve en effet dans l'angle obtus pa^1 (001) (101) ou $p\,a^{1/2}$ (001) (201). Mais le plus souvent, on sait *a priori* où est la direction négative d'extinction ; tel est le cas quand elle dépasse 20° et atteint les nombres du labrador ou de la bytownite ; tel encore celui où la bordure est en oligoclase.

3° La recherche des sections g^1 (010) est souvent assez longue ; la platine préconisée par M. de Fédoroff donne un moyen utile de rectifier la position des sections voisines de g^1 (010). Il a indiqué un procédé pour déterminer le sens de l'extinction ; il consiste dans la recherche du sens des rotations nécessaires pour amener, dans le champ, l'axe optique le plus voisin ; mais il ne s'applique ni à l'albite, ni à l'oligoclase n° 2, ni à l'anorthite.

C'est dans les sections g^1 (010) qu'il est le plus facile d'étudier les zones d'accroissement des feldspaths et leurs changements de nature au fur et à mesure des consolidations successives. Il n'est pas rare de voir ainsi se succéder les labradors, les andésines et jusqu'aux oligoclases acides. Mais le type dominant est relativement très stable dans chaque stade de consolidation, et il est très facile en général de caractériser sans amphibologie la nature du plagioclase qui domine de beaucoup. Toutes les fois que les feldspaths en grands cristaux se prêtent à la recherche de la face g^1 (010) (et le cas est très fréquent), cette recherche est à conseiller.

4° Dans quelle mesure les erreurs d'orientation influent-elles sur les lectures ? Les épures générales peuvent répondre avec précision à cette question : supposons une erreur de 10° commise sur l'orientation de la section à l'étude : en d'autres termes, promenons le pôle de la section sur le parallèle à 10° de celui de g^1 (010). Les épures nous donnent, pour chaque position de ce pôle, l'extinction rapportée à la trace $g^1(010)$ et l'angle de la trace du clivage p (001) rapportée à cette même trace (pl. VIII)[1].

Pour l'albite, cette erreur de 10° dans l'orientation des sections choisies donne lieu à des extinctions variant de 15° à 25°.

L'erreur moyenne dans l'oligoclase est également de ± 5° ; elle s'abaisse dans l'andésine à ± 4°, pour se relever légèrement dans le labrador et dans l'anorthite.

En moyenne un degré d'erreur sur l'orientation de g^1 (010) ne correspond pas à $1/2$° d'erreur sur l'extinction rapportée à la trace du clivage p (001). La raison théorique d'un tel résultat tient à ce que, dans la plupart des plagioclases, les zones parallèles aux droites contenues dans g^1 (010) atteignent leur angle maximum d'extinction au voisinage de cette section qui sert approximativement de plan principal d'élasticité, sauf pour l'anorthite. De même, pour les traces p (010) rapportées à la trace g^1 (001) dans les mêmes zones, les angles passent par un minimum au voisinage de g^1 (010) ; leur somme ou leur différence doivent donc varier lentement, et g^1 (010) se trouve bien choisi à tous les points de vue.

B. — SECTIONS PERPENDICULAIRES AUX BISSECTRICES

On doit à M. Fouqué des données précises sur les sections perpendiculaires aux bissectrices d'un grand nombre de feldspaths. Appuyées sur un triage minutieux et doublées d'analyses chimiques dignes de foi, elles nous ont servi de critérium dans le choix des constantes optiques de nos épures.

L'angle lu, une fois la section convenablement choisie, est celui de la trace du plan des axes optiques avec la trace de g^1 (010) et, quand ce plan est trop oblique, avec celle de p (001). Voici quelques-uns des résultats que M. Fouqué a bien voulu me communiquer :

[1] L'épure Pl. VIII n'a pu recevoir que les courbes synthétiques ; mais nous nous sommes servis des nombres inscrits sur la minute.

PLAGIOCLASE	LOCALITÉ	DENSITÉ	TENEUR EN SILICE	$2V$	n_{mj}	EXTINCTIONS PERPEND^t à	
						n_p	n_g
Albite . . .	Modane. . . .	2,600	68 0/0	$+75°$	1,5340	75°	18° [1]
Oligoclase .	Backersville .	2,651	63	-88	1,5395	87	2 [1]
Andésine (?)	Roche-Sauve .	2,680	59	-82	1,5578	61	15 [1]
Labrador(1)	Pico . . . . . (Lave de 1720)	2,695	56	$+77$	1,5589	60	20
Id. (2)	Pico (Cône) . . (Santa-Lucia) .	2,698	55,4	$+77$	1,5583	59	24
Id. (3)	S. Jorge . . . (Fayal)	2,705	53	$+78$	1,5635	58	32
Anorthite .	Somma. . . .	2,750	44	-78	1,5837	55	48

[1] Extinctions rapportées à la trace de **p**, la trace de g^1 étant trop oblique.

Si l'on rapporte les extinctions, perpendiculairement à n_p, à la direction négative et si en outre on tient compte des signes, les nombres précédents se transforment de la façon suivante :

Albite	— 15°
Oligoclase	+ 3
Andésine-labrador	+ 29
Labrador (1)	+ 30
— (2)	+ 31
— (3)	+ 32
Anorthite.	+ 35

Ils seraient caractéristiques si l'on en connaissait les signes ; sinon ils laissent subsister l'indécision entre certaines albites et certaines andésines et la même remarque s'applique aux extinctions perpendiculairement à n_g, rapportées à la trace du clivage p (001).

On constate en outre que la variation est rapide, perpendiculairement à n_p, de l'albite à l'andésine ; puis elle devient fort lente et peu sensible des andésines basiques à l'anorthite. Par contre, les extinctions sur n_g, rapportées à la trace de g^1 (010), sont caractéristiques et suffisamment variées pour les feldspaths basiques. Mais elles présentent, surtout dans les labradors, le sérieux inconvénient de varier très rapidement par la moindre erreur d'orientation : une rotation de 5° autour de la perpendiculaire à g^1 (010) y amène une variation d'extinction de près de 10°, soit une erreur double de celle de l'orientation.

Tout au contraire, n_p, dans tous les feldspaths, est situé dans les régions voisines des points singuliers, où les variations sont extrêmement lentes.

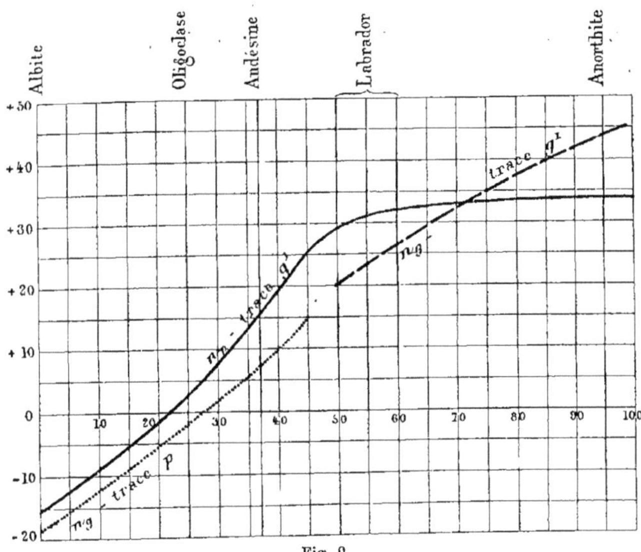

Fig. 9.

Extinctions dans les sections perpendiculaires à n_g et à n_p, d'après M. Fouqué.

Un coup d'œil, jeté sur les épures, rendra compte de ces diverses propriétés ; la Pl. VIII explique comment le changement de position du plan des axes optiques se fait d'une façon continue et entraîne les variations constatées, en même temps que le passage d'un signe à l'autre pour la bissectrice aiguë.

C. — SECTIONS PERPENDICULAIRES A L'AXE D'ÉLASTICITÉ MOYENNE n_m

Ces sections présentent le maximum de biréfringence et leurs images en lumière convergente sont en outre assez caractéristiques. Elles peuvent donc rendre des services en plaques épaisses. M. de Fédoroff les a étudiées. Il a d'ailleurs indiqué le moyen de rendre plus sensible l'emploi du comparateur dans les teintes grises de premier ordre, en disposant les sections principales des Nicols parallèlement entre elles, au lieu de les croiser.

Malheureusement les épures générales montrent que, de l'albite à l'andésine inclusivement, les extinctions varient de $+ 2$ à $— 2°$. Elles ne sont donc pas caractéristiques pour séparer les andésines acides des albites. Par contre pour les feldspaths basiques elles le deviennent en s'échelonnant de $— 2°$ (andésine $Ab_5 An_3$) à $— 10°$ pour le labrador et à $— 36°$ pour l'anorthite. Comme on le voit, les moyens les plus divers réussissent dans cette série basique, et la plupart échouent dans la série acide. Cependant les sections de biréfringence maximum sont susceptibles de rendre des services, notamment en cas d'absence des macles.

D. — SECTIONS PERPENDICULAIRES AUX AXES OPTIQUES

1° AXE A. M. de Fédoroff a également étudié les sections perpendiculaires aux axes optiques, en cherchant la valeur des extinctions que présentent alors les individus (1′) maclés suivant la loi de l'albite. Nous y ajouterons les extinctions des lamelles (2) et (2′) et l'angle du plan des axes optiques avec la trace g^1 (010) pour la lamelle (1) perpendiculaire à A, angle que l'on peut déduire avec une suffisante approximation de l'image en lumière convergente.

	(1)	(1′)	(2)	(2′)	OBSERVATIONS
Albite	A $+ 62°$	$+ 37°$	$+ 30°$	$+ 28°$[1]	[1] Voisin de l'axe optique B'.
Oligoclase, Pl. II.	A $90°$	0[2]	$+ 25$	$— 25$	
Olgoclase, Pl. III .	A $— 82°$	$— 40$[2]	$+ 22$	$+ 22$	[2] Voisin de A'.
Andésine.	A $— 71°$	$— 48$[2]	$+ 15$	$+ 35$	
Labrador, Pl. V. .	A $— 49°$	$— 40$	$+ 10$	$+ 27$	
Anorthite	A $— 20°$	$— 53$	$— 25$	$+ 15$	

La courbe, que l'on déduit de ces nombres pour les extinctions (1'), est très différente de celle donnée par M. de Fédoroff (A$_2$), parce qu'elle tient compte des signes et passe par 0° au voisinage de l'oligoclase. Elle peut donc être caractéristique pour les oligoclases acides, mais elle est impuissante à distinguer nettement les albites des andésines.

2° Axe B. On peut en dire autant des courbes afférentes aux sections perpendiculaires à l'axe optique B. Les nombres relevés sur les épures générales sont consignées dans le tableau suivant :

	(1)	(1')	(2)	(2')	OBSERVATIONS
Albite	B + 63°	+ 40°	+ 45°	— 32°	[1] Voisin de l'axe optique A'.
Oligoclase, Pl. II.	B 90°	90°[1]	— 35	— 25	[2] Voisin de l'axe optique B'.
Oligoclase, Pl. III.	B — 82°	— 42[1]	— 17	— 16	
Andésine.	B — 69°	— 31[1]	— 6	0	
Labrador, Pl. V. .	B — 57°	— 23	+ 3	+ 14	
Anorthite	B — 62°	— 12[2]	+ 47	— 55	

Ceux afférents à l'albite ont dû être changés de signe, par raison de continuité et parce que l'axe optique B de l'albite doit être rattaché aux autres axes B du demi-cercle supérieur. M. de Fédoroff avait bien vu que la courbe (1') change de signe entre l'albite et l'andésine (A$_1$) ; mais il la fait passer par 0° quand en réalité elle passe par 90° ; au lieu de présenter les valeurs intermédiaires entre + 40°, 0 et — 42°, elle donne celles qui s'échelonnent entre + 40° et + 90°, — 90° et — 42°. Cette courbe donne lieu aux mêmes observations que la précédente.

E. — SECTIONS D'EXTINCTION SIMULTANÉE POUR LES LAMELLES (1) ET (1') MACLÉES SUIVANT LA LOI DE L'ALBITE

On doit à M. de Fédoroff la considération intéressante des sections dans lesquelles les lamelles, maclées suivant la loi de l'albite, s'éteignent simultanément sous des angles d'ailleurs variables. On peut les rechercher pratiquement au moyen d'une règle graduée que l'on promène parallèlement au diamètre horizontal de l'épure, en déterminant les points où elle coupe, à égale distance du diamètre vertical, les courbes de même valeur absolue et de signe contraire, ou les courbes complémentaires et de même signe ; dans le premier cas, les extinctions se font suivant les directions de même signe *optique* des deux séries de lamelles ; dans le second, suivant les directions de signes optiques inverses.

On ne peut considérer utilement que les sections assez voisines de la zone de symétrie perpendiculaire à g^1 (010), à cause des recouvrements et des compensations qui se produisent plus loin.

Toutes ces courbes passent par le point où la courbe 0° coupe le diamètre vertical, et par les axes optiques des diverses lamelles. Nous avons déjà vu (p. 19) qu'elles ne peuvent croiser la courbe 0°-90° qu'en ces points. Elles ont toutes leur concavité tournée vers le haut, au voisinage du centre.

Les extinctions, parties de 0° dans ce voisinage, croissent lentement pour les feldspaths acides, de plus en plus rapidement pour les feldspaths basiques. En somme, pour devenir réellement caractéristiques, elles doivent être accompagnées d'une notion sur leur obliquité par rapport à la zone de symétrie perpendiculaire à g^1 (010).

RÉSUMÉ RELATIF AUX SECTIONS DÉTERMINÉES

En résumé, parmi les sections spéciales, il convient d'accorder la préférence à la face g^1 (010), et aux sections, étudiées par M. Fouqué, perpendiculaires à n_g et à n_p. La première donne, à elle seule, la solution complète du problème, quand il est possible de l'orienter, et d'y découvrir la trace du clivage p (001) et la direction de l'arête h^1g^1 (100) (010).

Les sections perpendiculaires à n_g ou à n_p ont l'avantage de présenter en lumière convergente des images qui permettent de juger de l'erreur commise sur leur orientation ; les extinctions ne suffisent pas, à elles seules, pour distinguer les albites de certaines andésines. Il est nécessaire d'y joindre l'indication très précise du signe de la bissectrice aiguë et de l'angle vrai des axes optiques.

En outre, l'étude des zones d'accroissement successif est rendue difficile par ce fait que, pour des variations chimiques un peu étendues, la section n'est pas simultanément perpendiculaire aux bissectrices des divers feldspaths qui s'enveloppent. A ce point de vue, la face g^1 (010) conserve une supériorité d'autant plus marquée que l'effacement des lamelles hémitropes suivant la loi de l'albite y simplifie la recherche précise des extinctions.

Les indices de réfraction des feldspaths s'échelonnent régulièrement de l'orthose à l'albite et de l'albite à l'anorthite ; ils vont en croissant d'une façon continue et dans des limites assez étendues, comme on peut en juger par le tableau suivant :

	n_g	n_m	n_p	
Orthose (Saint-Gothard). . .	1,526	1,524	1,519	Des Cloizeaux.
Microcline (Narestö)	1,529	1,526	1,523	ML et Lx.
Anorthose (Quatro-Ribeyras).	1,530	1,529	1,523	Fouqué.
Albite (Narestö).	1,540	1,534	1,532	ML et Lx.
Oligoclase (Bamle)	1,542	1,538	1,534	ML et Lx.
— (Backersville) . .	1,547	1,543	1,539	Offret.
Andésine (Roche-Sauve). . .	1,556	1,553	1,549	ML et Lx.
Labrador (Labrador). . .	1,562	1,557	1,554	ML et Lx.
Anorthite (Saint-Clément). .	1,586	1,579(?)	1,574	ML et Lx.
Quartz.	1,553	. . . . .	1,544	
Baume de Canada (maximum).	. . . . .	1,549	. . . . .	

Nous y avons joint les indices du quartz et du baume de Canada, comme termes de comparaison.

Jusque dans ces derniers temps, on jugeait des indices moyens de deux minéraux, juxtaposés en plaque mince, par le degré du relief que prenait leur surface, au contact du baume, lorsqu'on abaissait autant que possible le condenseur pour se procurer de la lumière peu divergente. M. Thoulet avait même proposé l'emploi des liqueurs denses pour faire disparaître le relief, une fois la plaque décoiffée de son petit verre et débarrassée du baume ; mais c'était là un procédé peu sensible et d'application pénible.

On doit à M. F. Becke [1] une méthode incomparablement plus précise et plus commode : elle s'appuie sur la direction que prend un pinceau de rayons réfléchis totalement au contact de deux corps de réfringence différente : si l'on suppose la séparation à peu près perpendiculaire à la plaque mince, le pinceau de rayons plus abondants sortira du côté du corps le plus réfringent en faisant un certain angle avec l'axe du microscope.

Lorsqu'on met la plaque rigoureusement au point, ce faisceau se réunit dans un plan que l'oculaire reporte à la distance de la vision distincte, et la séparation des deux minéraux se fait nettement en bonne lumière. Si l'on remonte légèrement l'objectif, le même pinceau de rayons lumineux se réunit en un foyer un peu plus bas que dans le cas précédent, et d'où il diverge du côté de l'image du minéral le plus réfringent. Dès lors, en prenant les précautions convenables, on doit voir un liséré plus éclairé venir border la séparation du côté de ce minéral plus réfringent. Lorsqu'on abaisse l'objectif, l'effet inverse doit naturellement se produire et le pinceau éclairé vient border la séparation dans le minéral le moins réfringent.

Pour rendre le phénomène nettement sensible, il faut laisser subsister seulement le faisceau réfléchi totalement, et par conséquent se servir d'un éclairement assez faiblement convergent. On arrive commodément à ce résultat, soit en munissant le dessous du polariseur d'un petit diaphragme et en abaissant assez loin sous la plaque ce Nicol et son condenseur à boules, soit en plaçant le diaphragme sur le Nicol et sous le condenseur à boules, lorsque ce dernier est distinct du polariseur ; il faut d'ailleurs alors pouvoir descendre convenablement le Nicol et son diaphragme.

M. Becke cite également le relief que donne, au corps le plus réfringent, l'emploi de la lumière oblique, soit qu'on la lance dans ce corps en déplaçant le diaphragme inférieur, soit qu'on se serve du micro-réfractomètre oculaire d'Exner qui ne laisse sub-

[1] Voir page 12.

sister, à la hauteur du cercle de Ramsden, que les rayons obliques d'un côté. Mais après examen pratique, nous donnons personnellement de beaucoup la préférence au dispositif à lumière centrale.

En tout cas, ce dispositif, qui consiste à munir la partie inférieure du polariseur d'un diaphragme suffisamment petit, est tout à fait facile à improviser et il donne, avec le microscope Nachet notamment, des résultats satisfaisants.

Voici maintenant la méthode employée par M. F. Becke; il remarque qu'un seul coup d'œil sur la liste précédente montre que l'indice moyen du quartz est supérieur à celui de l'orthose, de l'albite et de l'oligoclase, inférieur à celui de l'andésine, du labrador et de l'anorthite.

Mais on peut aller plus loin, suivant M. Becke, dans la séparation des plagioclases, en recourant aux différences des indices n_g, n_m, n_p. Une section quelconque de feldspath comporte un indice n'_g compris entre n_m et n_g, et un indice n'_p compris entre n_m et n_p. De même une section quelconque de quartz comporte un indice $n_g^{e'}$, que l'on peut supposer assez près de l'indice extraordinaire en choisissant une section voisine du maximum de biréfringence, et un indice ordinaire $n_p^{''}$.

M. Becke recommande de chercher les accolements du feldspath à déterminer et de quartz, tels que les deux minéraux s'éteignent à peu près simultanément. Dès lors les directions *parallèles*

$$(\Delta) \qquad n'_g \text{ et } n_g^{e'} \qquad\qquad n'_p \text{ et } n_p^{''}$$

coïncident entre elles, ou encore les directions *croisées*

$$(\delta) \qquad n'_g \text{ et } n_p^{''} \qquad\qquad n'_p \text{ et } n_g^{e'}$$

Si donc on trouve deux accolements favorables de quartz et du feldspath à l'étude, on peut avoir quatre constatations de différences, en faisant successivement coïncider chaque direction n'_g et chaque direction n'_p avec le plan principal du polariseur et en supprimant l'analyseur; l'on peut donc écrire :

$$\Delta_1 = n'_g - n_g^{e'} \lessgtr 0 \qquad\qquad \Delta_2 = n'_p - n_p^{''} \lessgtr 0$$
$$\delta_1 = n'_g - n_p^{''} \lessgtr 0 \qquad\qquad \delta_2 = n'_p - n_g^{e'} \lessgtr 0$$

On remarquera que les sections toujours éteintes de quartz donnent, elles aussi, deux des indications précédentes : le quartz n'y possède en effet que son indice ordinaire ; mais en orientant convenablement le feldspath, on pourra obtenir le signe des deux différences où s'introduit cet indice :

$$\delta_1 = n'_g - n_p^\omega \quad \text{et} \quad \Delta_2 = n'_p - n_p^\omega$$

Voici maintenant le tableau des différences tel que M. F. Becke l'a dressé :

PLAGIOCLASES	AXES PARALLÈLES	AXES CROISÉS
1) Albites Ab à Ab_8 An_1	$\Delta_1 < 0 \ \Delta_2 < 0$	$\delta_1 < 0 \ \delta_2 < 0$
2) Oligoclases acides Ab_8 An_1 à Ab_3 An_1 . .	$\Delta_1 < 0 \ \Delta_2 < 0$	$\delta_1 = 0 \ \delta_2 < 0$
3) — basiques Ab_3 An_1 à Ab_2 An_1 .	$\Delta_1 < 0 \ \Delta_2 = 0$	$\delta_1 > 0 \ \delta_2 < 0$
4) Andésines acides Ab_2 An_1 à Ab_3 An_2 . . .	$\Delta_1 = 0 \ \Delta_2 > 0$	$\delta_1 > 0 \ \delta_2 < 0$
5) — basiques Ab_3 An_2 à Ab_1 An_1 .	$\Delta_1 > 0 \ \Delta_2 > 0$	$\delta_1 > 0 \ \delta_2 = 0$
6) Au-dessous de Ab_1 An_1	$\Delta_1 > 0 \ \Delta_2 > 0$	$\delta_1 > 0 \ \delta_2 > 0$

Cette méthode s'applique avec une réelle précision toutes les fois qu'on arrive à trouver des contacts favorables de quartz et de plagioclases : les granites, les diorites quartzifères en permettent l'application. Mais il trop évident qu'elle n'élucide pas la question des microlites, et qu'en outre elle laisse souvent en suspens, même dans les granites, la nature des zones d'accroissement successif des grands cristaux, parce que le quartz n'en touche en général que la périphérie.

Il y a surtout, en pétrographie, un cas important où il était absolument désirable que cette élégante et délicate méthode pût trouver son application ; c'est celui où il est nécessaire de déterminer certains microlites très aplatis et à section très allongée, s'éteignant presque rigoureusement en long et formant des agrégats, souvent accolés parallèlement sans qu'on puisse affirmer que la macle de l'albite y devient apparente. Ces microlites ne peuvent appartenir qu'à l'orthose ou à l'oligoclase ; nous avons vu que les variétés anormales de deuxième classe de M. Des Cloizeaux, celles dont le plan des axes est perpendiculaire à g^1 (010) (pl. II), reproduisent extraordinairement les propriétés de l'orthose non déformé, n'en différant que par un plus grand écartement des axes optiques.

Dans le même ordre de faits, la séparation des grandes plages d'anorthose et d'oligoclase prête à des difficultés analogues et on n'a pu l'assurer, jusqu'à présent, qu'en recherchant soigneusement l'angle des axes optiques, beaucoup plus petit dans l'anorthose toujours négatif (Fouqué).

Fort heureusement, la méthode de M. F. Becke est susceptible d'une généralisation importante : d'abord l'indice maximum du baume est rarement atteint; on peut dire que, dans la majorité des cas, le baume aura pour indice un nombre supérieur à n_g de l'orthose, mais inférieur à n_p de l'oligoclase. Il suffit donc de rechercher les points où le baume touche un faisceau de ces microlites, bords ou trous de la plaque mince, et d'y faire la vérification de la réfringence relative.

Mais on peut opérer avec plus de certitude et de précision, en décoiffant la plaque mince, en la débarrassant soigneusement de son baume par des lavages à la benzine, et en y traçant des traits au moyen d'une pointe de diamant. Après avoir pratiqué ces entailles, il est nécessaire de laver de nouveau à la benzine et de vérifier que les biseaux de la plaque ne sont plus enduits de baume. Puis on dépose sur la plaque une goutte de liqueur de Klein (boro-tungstate de cadmium [1]) convenablement étendue d'eau, ayant par exemple un indice de 1,530 déterminé au moyen d'un réfractomètre. On couvre le tout d'un verre mince pour éviter l'évaporation trop rapide et l'on procède aux vérifications nécessaires, le long des sillons et des bords de la plaque mince; il y existe toujours des points favorables, où la liqueur dense touche une cassure fraîche du minéral à l'étude.

On peut même se passer d'un réfractomètre, en faisant usage d'une préparation comprenant un certain nombre de petits fragments de minéraux témoins, polis parallèlement au plan des axes optiques et juxtaposés dans l'ordre de réfringence croissante. Un tâtonnement de très courte durée permet de constituer des liqueurs comprenant entre elles la réfringence du minéral à

---

[1] C'est une des rares liqueurs denses qui n'attaquent pas trop vite le baume.

l'étude et le séparant des minéraux avec lesquels on pourrait le confondre. M. Werlein m'a préparé ainsi des plaques-témoin très commodes, comprenant jusqu'à 16 minéraux rangés 4 par 4 : fluorine, haüyne, leucite, orthose; microcline, albite, cordiérite, oligoclase, néphéline, quartz, andésine, labrador, anorthite, mélilite, apatite, andalousite.

Mes premiers essais m'ont donné des résultats tellement satisfaisants qu'il me paraît utile de faire entrer l'emploi combiné du procédé Becke et de la liqueur Daniel Klein dans la pratique courante des études pétrographiques; dans ce but, je fais désormais déborder la plaque mince au delà du petit verre; et je recommande de décaper soigneusement ces bords à la benzine; il s'y présente généralement tous les exemples nécessaires pour l'immersion dans les liqueurs Klein titrées.

En terminant, et avant de donner quelques exemples pratiques de détermination des feldspaths, il nous sera permis d'exprimer, avec M. F. Becke, l'espoir fondé que le mot de plagioclase disparaîtra des descriptions pétrographiques : l'emploi de la zone de symétrie perpendiculaire à g^1 (010), de la face g^1 (010), des sections perpendiculaires à n_p et à n_g, et enfin la détermination des réfringences relatives donnent des solutions rigoureuses et élégantes, auxquelles il suffit de s'accoutumer et de procéder avec soin, pour résoudre désormais le problème, même dans le cas où l'on a affaire aux microlites les plus ténus et en apparence les moins déterminables.

DÉTERMINATION DE QUELQUES FELDSPATHS

Granulite de la chaine de Blond (Creuse, *près du sommet*). — *Plagioclase abondant*, orthose, quartz bipyramidé et rétracté, pénétrant dans les feldspaths par véritable corrosion à l'emporte-pièce ; mica blanc abondant en assez petites lamelles. — Structure granulitique.

La détermination du plagioclase est facile et nette :

1° *Maximum*. — Dans la zone de symétrie normale à g^t (010) : 16°. La section choisie présente les extinctions $(1) = + 15°$ $(1') = -16°$; elle est probablement maclée suivant la loi de Carlsbad ; mais les extinctions sont tellement simultanées qu'on peut écrire $(1) = (2')$ et $(1') = (2)$. La lamelle $(1')$ est sensiblement perpendiculaire à n_p ; mais l'image est flou et il serait impossible d'apprécier, à plus de 10° près, si la bissectrice est centrée. Le plan des axes est à 74° de la trace g' (010). La bissectrice n_p essayée au moyen de la dislocation des hyperboles (voir page 9) paraît bien être celle de l'angle obtus ; le plagioclase serait donc positif.

2° *Essai sur les sections quelconques*, mais assez voisines de la zone de symétrie et présentant en outre un contact intime avec des grains de quartz à extinction à peu près simultanée avec celle du feldspath touché.

a) *Sections principales parallèles.* — On a $\Delta_1 < 0$ et $\Delta_2 < 0$. En prenant $b = \dfrac{a+c}{2}$, $e = \dfrac{d+f}{2}$ (voir page 40), la section étudiée donne :

$$a = -12 \qquad b = -13 \qquad c = -14$$
$$d = +12 \qquad e = +12\ 1/2 \qquad f = +13$$

C'est la lamelle (2), pour laquelle $f = +13$, qui touche le quartz.

b) *Sections principales croisées.* — Le quartz rouge (1) et (1')
et l'on a $\delta_1 < 0$, $\delta_2 < 0$.

$$a = -4 \qquad b = -8 \qquad c = -12$$
$$d = +2 \qquad e = +6 \qquad f = +10$$

3° Une section g^1 (010), sans contour, sans trace de clivage
facile, mais avec pénétration de Carlsbad et effacement presque
complet des lamelles hémitropes suivant la loi de l'albite, donne
$\omega = 157°$ (voir page 49) ou son supplément. Cet angle correspond à $+15°$ dans le sens de Max Schuster, à partir de l'arête
pg^1 (001) (010).

Tout concorde donc et les diverses méthodes, énumérées plus
haut, se prêtent un concours réciproque pour permettre d'attribuer à l'albite le feldspath triclinique abondant de la granulite
étudiée. L'emploi de la liqueur de Klein, convenablement étendue,
a confirmé le diagnostic et prouvé que ce plagioclase est moins
réfringent que l'oligoclase, et à fortiori que l'andésine, seul
feldspath avec lequel il pourrait être confondu.

Granite à amphibole des Bordets, près Saint-Léon (Allier). —
Amphibole verte, mica noir, *plagioclases très zonés*, orthose,
quartz.

1° *Maximum* de la zone de symétrie dépassant $\pm 27°$ pour (1)
(1') et correspondant à une extinction (2) (2'), de $\pm 12°$ environ ;
dans les sections atteignant les plus grands angles, l'éclairement
commun fait ressortir nettement la macle de Carlsbad ; de plus, il
montre toute une succession de zones aboutissant, à la périphérie,
à des extinctions toujours voisines de 0°. Cette particularité fait
pressentir qu'il sera très difficile de trouver un contact du quartz
et des variétés basiques, toujours enveloppées de zones à acidité
croissante. Et en effet, presque tous les contacts se montrent
tels que le quartz paraît le plus réfringent.

2° Cependant, une section assez voisine de la zone de symétrie fait exception à cette règle ; elle touche un quartz toujours éteint, et donne (voir page 61)

$$\Delta_2 < 0 \qquad\qquad \delta_1 > 0$$

Les autres données sont les suivantes :

	a	b (moyenne)	c
Périphérie.	(de	— 2 à — 3°)	
Centre.	— 16	— 13	— 10

	d	e (moyenne)	f
Périphérie.	+ 6	+ 4 $^1/_2$	+ 3
Centre.	+ 20	+ 21	+ 22

Il est clair que le quartz touche ici un oligoclase basique, lui-même moins réfringent que les zones intérieures dont le centre est en labrador. Du reste, il n'y a pas passage gradué en tous les points, et, par places, les réflexions totales montrent brutalement cette basicité croissante.

3° Une section g^1 (010), reconnaissable à la macle de Carlsbad, à l'effacement de la macle de l'albite, et au contour des zones d'accroissements qui montre les profils p (001), a^1 (101), $a^1/_2$ (201), donne les extinctions suivantes :

1°) Petite zone extérieure. . . . . + 2°
2°) Petite zone suivante . . . . 0°
3°) Grande étendue irrégulièrement moirée et montrant une dispersion assez intense. . . . . — 19°
4°) Centre et parties mêlées irrégulièrement avec la zone n° 3 ; également très dispersif. . . . . — 20°

Il y a des passages entre les diverses zones, mais moins graduées et plus brusques qu'on ne pourrait s'y attendre ; le feldspath n° 3, correspondant au labrador, est de beaucoup dominant.

En somme, les extinctions montrent que le plagioclase va du labrador et même de la bytownite à l'oligoclase basique. La méthode de M. F. Becke ne permet pas ici la vérification des zones intérieures et vraiment abondantes.

Diabase ophitique de Tillière (bourg), près Cholet (Vendée). — Cette ophite, à gros grain, contient un peu de péridot.

1° *Maximum* de la zone perpendiculaire à g^1 (010) : 40°.

2° *Sections quelconques bien maclées :*

	a	b	c		d	e	f
Premier exemple . . .	+ 19°	+ 22°	+ 25°	|	+ 35°	+ 38°	+ 44°
Deuxième exemple . .	+ 24°	+ 25°	+ 26°	|	+ 38°	,	,

3° *Section* g^1 (010) avec macle de Carlsbad apparente : les clivages pp (001) (001) font 129°. Extinction moyenne à — 30° de pg^1 (001) (010).

Bytownite, vérifiée par le procédé Becke et la liqueur de Klein ; le feldspath n'est pas zoné et se montre très homogène.

Phonolite de la carrière d'empierrement, près le moulin de Lusclade (Mont-Dore). — Microlites à sections fines et très allongées, en faisceaux parallèles paraissant maclés suivant la loi de l'albite, mais, en réalité, simplement séparées les unes des autres par de la matière amorphe.

Extinctions rigoureusement longitudinales : on ne peut hésiter qu'entre l'orthose ou l'anorthose et l'oligoclase Ab_4 An_4. J'ai déjà conclu (*Bull. Soc. géo.*, 1890, XVIII, 797) à l'orthose ; l'examen d'une plaque décapée et immergée dans la liqueur de Klein montre que les microlites ont un indice toujours inférieur au plus petit indice de réfraction de l'albite, et, *a fortiori*, de l'oligoclase.

Granite à amphibole (vaugnérite) de Vaugneray (Rhône). — Nous avons signalé, M. Lacroix et moi, la présence du labrador dans la vaugnérite (*Bull. Soc. min.*, 1887, X, 27). Un échantillon, recueilli près de Messimy, montre une association encore plus basique : chaque section de feldspath triclinique présente trois ou quatre zones nettement tranchées et sans transition : le cœur et la troisième zone à partir du centre (qui constituent en moyenne les deux tiers du cristal) sont en labrador Ab_4 An_3 ; la seconde zone est en anorthite ; la quatrième zone, fort mince et manquant souvent, est en andésine basique. Toutes les propriétés concourent à ces conclusions :

1° *Section voisine du maximum dans la zone de symétrie;* il n'y existe que les macles de l'albite et du péricline.

Centre et zone extérieure.	$a = + 20°$	$b = + 24° \, ^1/_2$	$c = + 29°$
Zone moyenne	$a' = + 44°$	$b' = + 51° \, ^1/_2$	$c' = + 59°$

La lamelle a (1) est sensiblement perpendiculaire à la bissectrice n_p; il est impossible de juger du signe du cristal, la figure en lumière convergente étant très déformée par les macles multiples.

Ces nombres conviennent au méridien à 35° de $h^1 g^1$ (100) (010) en haut, pour l'anorthite et pour le labrador $Ab_1 An_1$; la biréfringence de la plage d'anorthite est légèrement supérieure à celle du labrador; le procédé Becke montre que, dans toutes les orientations, cette anorthite est plus réfringente que le labrador qu'elle touche. Le cristal (1) est orienté avec p (001) dans le quadrant inférieur à droite.

2° *Section quelconque de la zone de symétrie :*

Centre et périphérie .	$a = - 16°$	$b = - 16° \, ^1/_2$	$c = - 17°$
Zone moyenne. . . .	$a' = - 32°$	$b' = - 33° \, ^1/_2$	$c' = - 35°$

Biréfringence de la partie de la section appartenant à l'anorthite, supérieure à la biréfringence maxima du quartz de la même plaque; le labrador a une biréfringence à peine égale à la moitié.

Cette section convient au méridien à 80° au-dessous de $h^1 g^1$ (100) (010), et confirme absolument les précédentes déterminations (voir Pl. V et VII).

On y constate que n_p de l'anorthite est de beaucoup plus élevé que n_g du labrador à l'étude.

3° On trouve, dans la plaque, de bons contacts de labrador et de quartz ; $\delta_2 > 0$.

4° Une section g^1 (010) nous a donné les nombres suivants, rapportés au clivage p (001) :

Bordure extérieure très mince	$- 6°$
Centre et zone large extérieure.	$- 13°$
Zone large intérieure.	$- 34°$

Ces nombres sont un peu faibles, par rapport aux autres propriétés constatées.

On sait que la roche contient de l'apatite en abondance, du mica noir, de l'amphibole et de l'orthose. Il est très original de constater qu'au cours de l'accroissement régulier des plus anciens cristaux de feldspath, le magma a subi temporairement une influence basique extrêmement caractérisée, et nous avons développé ailleurs [1] l'idée que la nature des salbandes, assimilées par le granite pendant son ascension, a souvent produit ce genre d'effets (granites à amphibole du Beaujolais, du Puy-de-Dôme, etc.).

Anorthites de diverses provenances. — Il est facile de régler la liqueur de Klein de façon qu'elle ait exactement l'indice n_g de l'anorthite de la Somma. Dès lors, on constate aisément que l'anorthite de la diorite orbiculaire de Corse est sensiblement de même réfringence. Quant à celui des gabbros d'Husaas (Norvège), il a une réfringence légèrement inférieure; mais, chose remarquable, l'amphibole qui l'accompagne paraît avoir un indice n_p un peu inférieur à l'indice n_g non seulement de l'anorthite de la Somma, mais même de celui qui le touche directement. Pour ces délicates constatations, il faut avoir soin de choisir des contacts bien perpendiculaires à la plaque mince, baisser beaucoup le Nicol et le condenseur avec leur diaphragme et observer avec un assez fort grossissement en lumière intense.

Dans une des plaques de la diorite orbiculaire, une section d'anorthite a donné les résultats suivants : le cristal (1) étant, aussi rigoureusement que possible, amené, au moyen de la platine de Fédoroff, à être perpendiculaire à l'axe optique B, les lamelles (1′) sont presque éteintes, mais encore visibles; les lamelles (2) et (2′) donnent aussi des extinctions difficiles à constater, parce que la biréfringence en est extrêmement faible; cependant on peut lire environ $+ 50°$ et $- 60°$. En tout cas, l'éclairement commun montre avec évidence qu'elles ne sont pas situées dans la zone de symétrie, et que par conséquent l'axe B,

[1] Granite de Flamanville; *Carte géol. de France, Bull.* n° 36, 1893.

pôle de la section (1), n'y est pas situé non plus. Le plan des axes, dans cette section, est bien à environ — 62° de la trace g^1 (010), comme on peut le constater au moyen de l'image en lumière convergente.

L'anorthite de Saint-Clément se rapproche beaucoup de celui d'Husaas; ses indices paraissent légèrement inférieurs à ceux de la Somma.

Il présente un développement extraordinaire de la macle du péricline. Une des sections montre les lamelles (1) (redressées avec la platine Fédoroff) perpendiculaires à l'axe optique A. C'est nécessairement A, car (1′) possède plus de 1/4 de λ de biréfringence. Le clivage facile p (001) est très marqué; l'extinction (1′) se fait à 33° de p (001), quand on choisit la direction négative n'_p. La trace du plan de macle, intermédiaire entre n'_p et p (001), est à 13° du clivage facile.

Or les épures donnent les résultats suivants : pour (1) coïncidant avec A, (1′) s'éteint à — 53° et p (001) a sa trace à — 87° de celle de g^1 (010); l'extinction se fait donc bien environ à 34° de la trace p (001) et puisque l'angle comprend la trace de macle, c'est que le plan de macle est, comme l'indique von Rath, dans l'angle aigu h^1g^1 (100) (010).

EXPLICATION DES PLANCHES

Les numéros en rouge indiquent en degrés l'extinction rapportée à la trace g^1 (010), dans le sens positif, tel qu'il a été défini page 16. Les numéros en noir indiquent les extinctions dans le sens négatif.

Les courbes rouges réunissent les pôles de même extinction.

Les courbes en bistre réunissent les pôles de même biréfringence : autour des axes optiques, la première courbe jalonne la biréfringence 0,25. Puis viennent les courbes 0,35 à 0,85; cette dernière entoure l'axe moyen n_m.

Les axes d'élasticité (indices principaux) sont représentés ainsi qu'il suit : n_g plus grand indice correspondant à la plus petite élasticité; n_m indice moyen, élasticité moyenne; n_p plus petit indice correspondant à la plus grande élasticité. A et B sont les traces des axes optiques.

Les grands cercles noirs, qui joignent deux à deux les traces n_g, n_m, n_p, représentent les plans principaux d'élasticité. Naturellement, le plan n_g n_p passe par les axes optiques A et B.

Les planches I à VII représentent les principaux types de plagioclases.

La planche VIII donne un groupement des axes d'élasticité et optiques de ces feldspaths (encre noire), comparé à celui dû à M. de Fédoroff (bistre); sur cette planche VIII, les courbes en rouge représentent l'angle fait par la trace du clivage p (001) avec le clivage g' (010).

En noir : 1. Anorthite Ab_{11} An_{200}.
—   2. Labrador Ab_2 An_3 à Ab_3 An_4.
—   3. Labrador Ab_1 An_1.
—   4. Andésine Ab_5 An_3.
—   5. Oligoclase Ab_3 An_1.
—   6. Oligoclase Ab_4 An_1.
—   7. Albite Ab.

En bistre : 1. Anorthite du Vésuve.
—   2. Bytownite de Pessegow.
—   3. Bytownite-Labrador de la vallée du Koisu (Turkestan).
—   4. Labrador du Labrador.
—   5. Oligoclase de Tvedestrand.
—   6. Albite (Des Cloizeaux et Max Schuster).

TABLE DES MATIÈRES

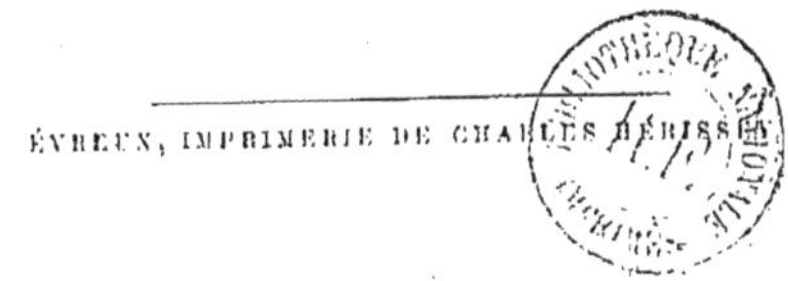

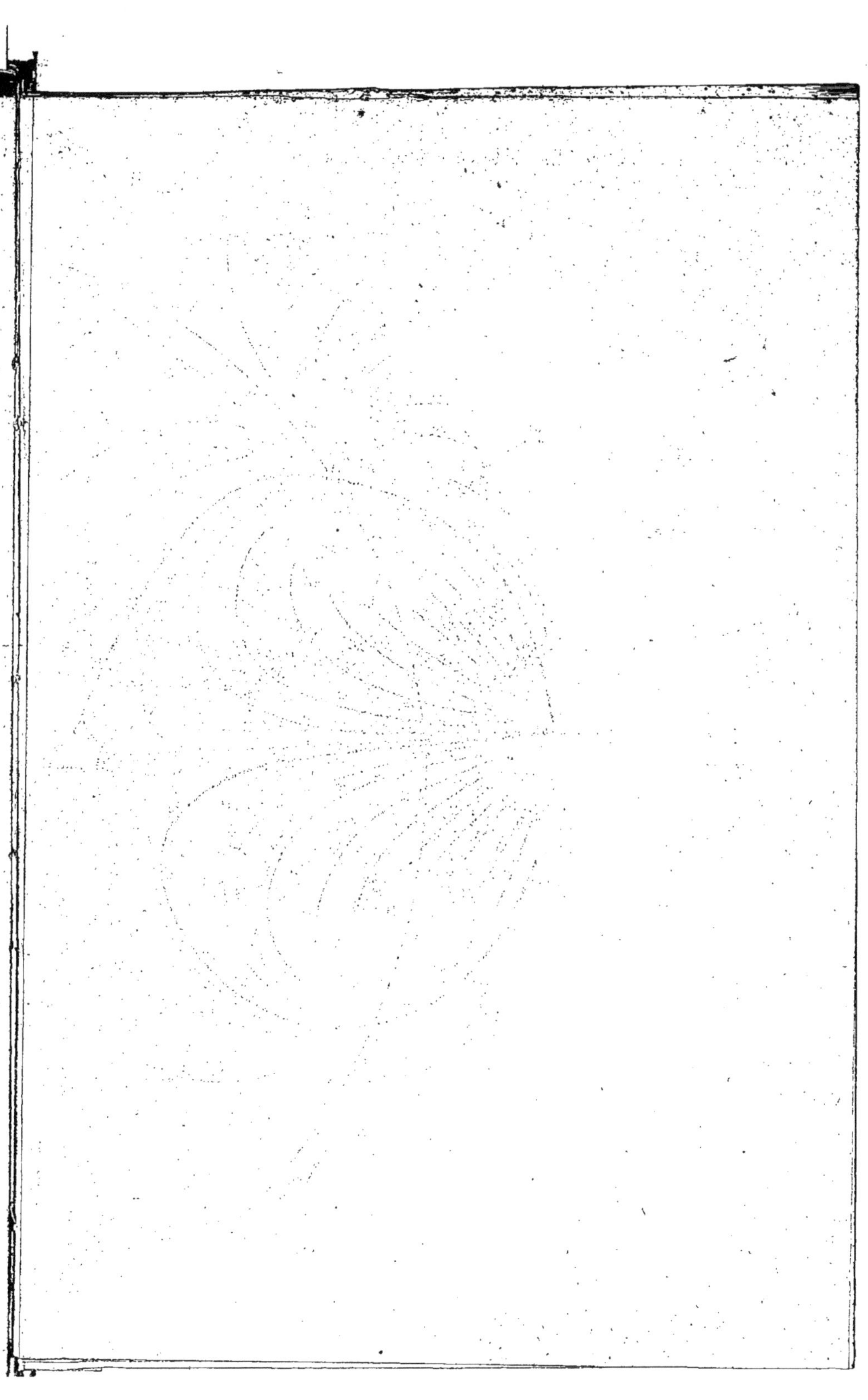

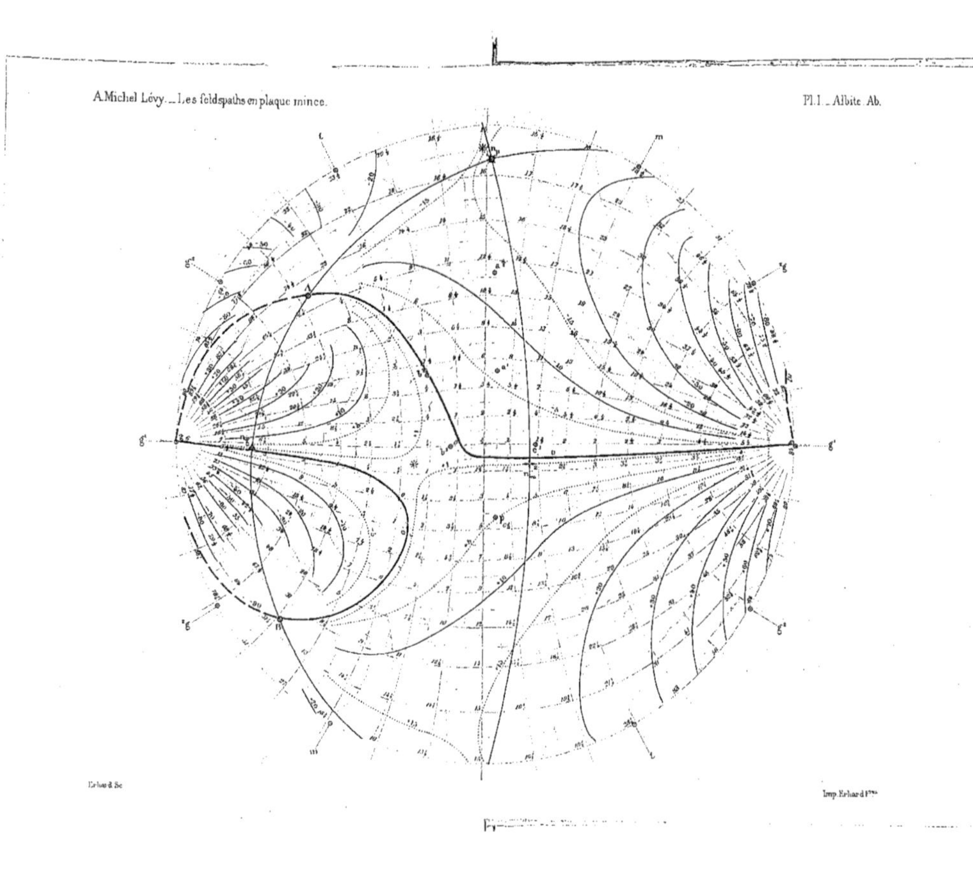

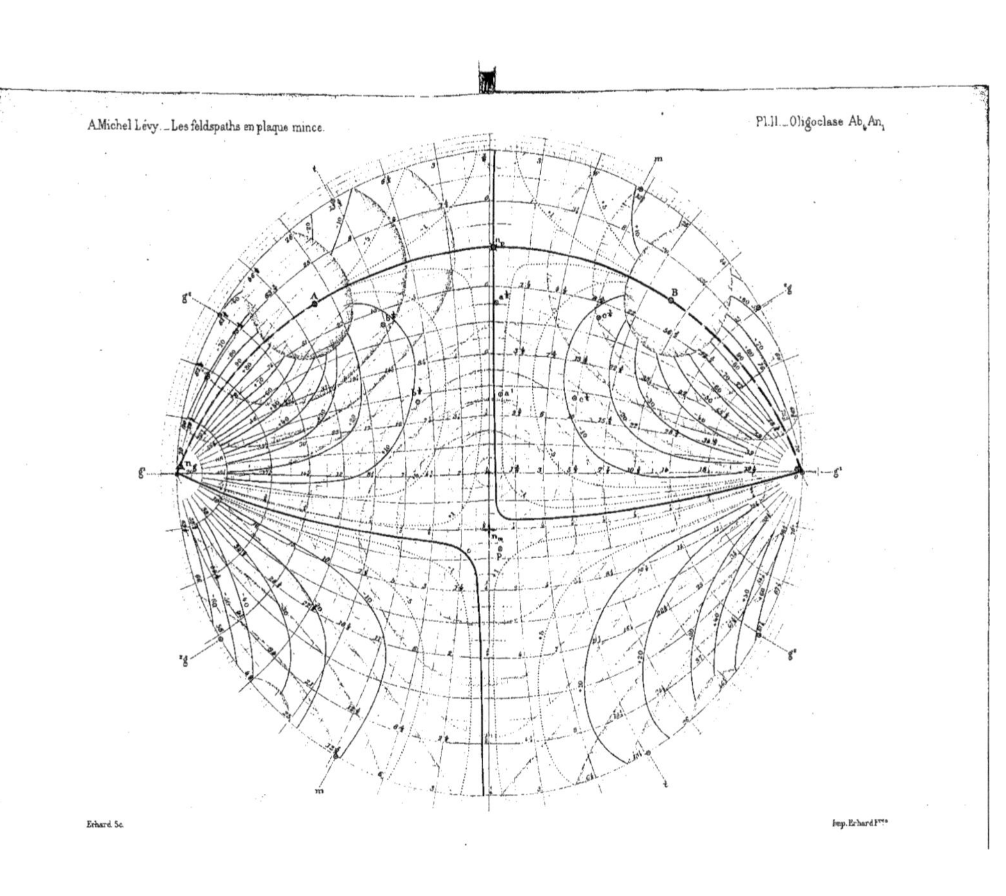

A.Michel Lévy._Les feldspaths en plaque mince.
Pl.11._Oligoclase Ab₄An₁
g'
g¹
g²
g⁴
m
p
P
A
B
Erhard. Sc.
Imp. Erhard Frères

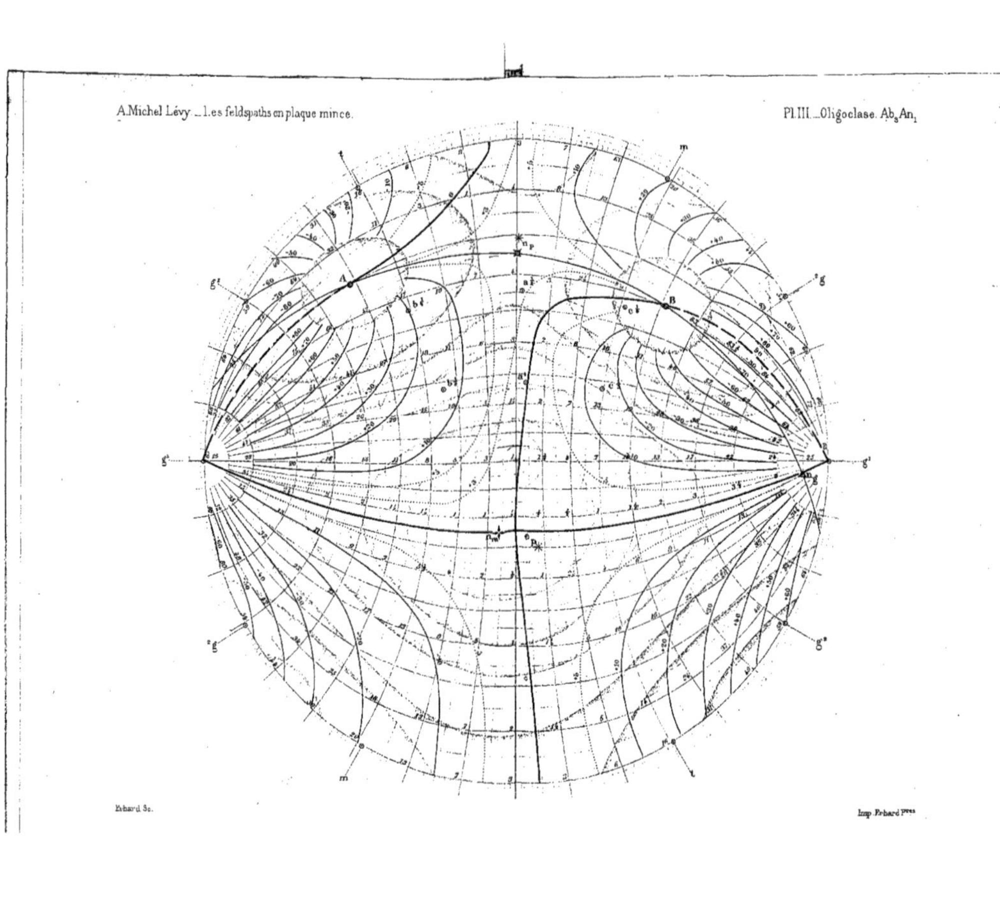

A
B
t
m
g'
g'
²g
¹g
²g
g'
np
m
Erhard Sc.
Imp. Erhard Frères

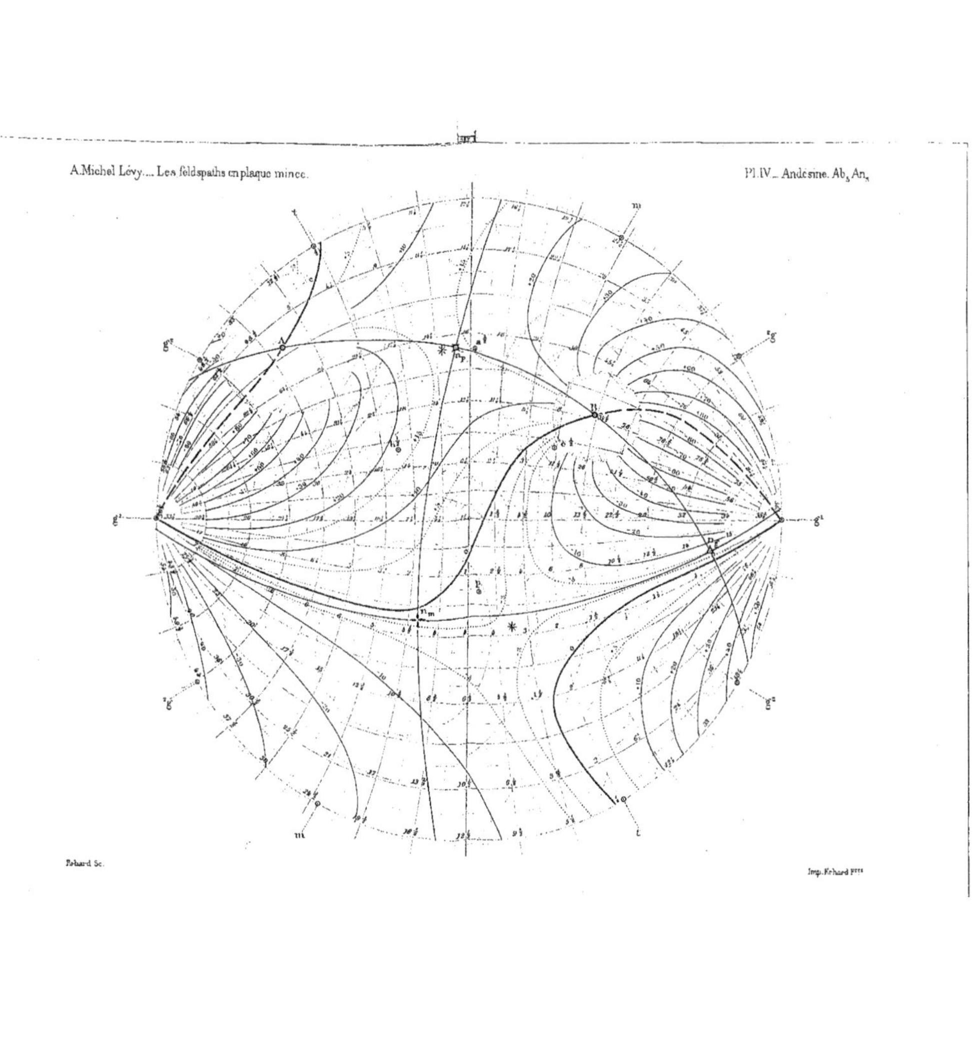

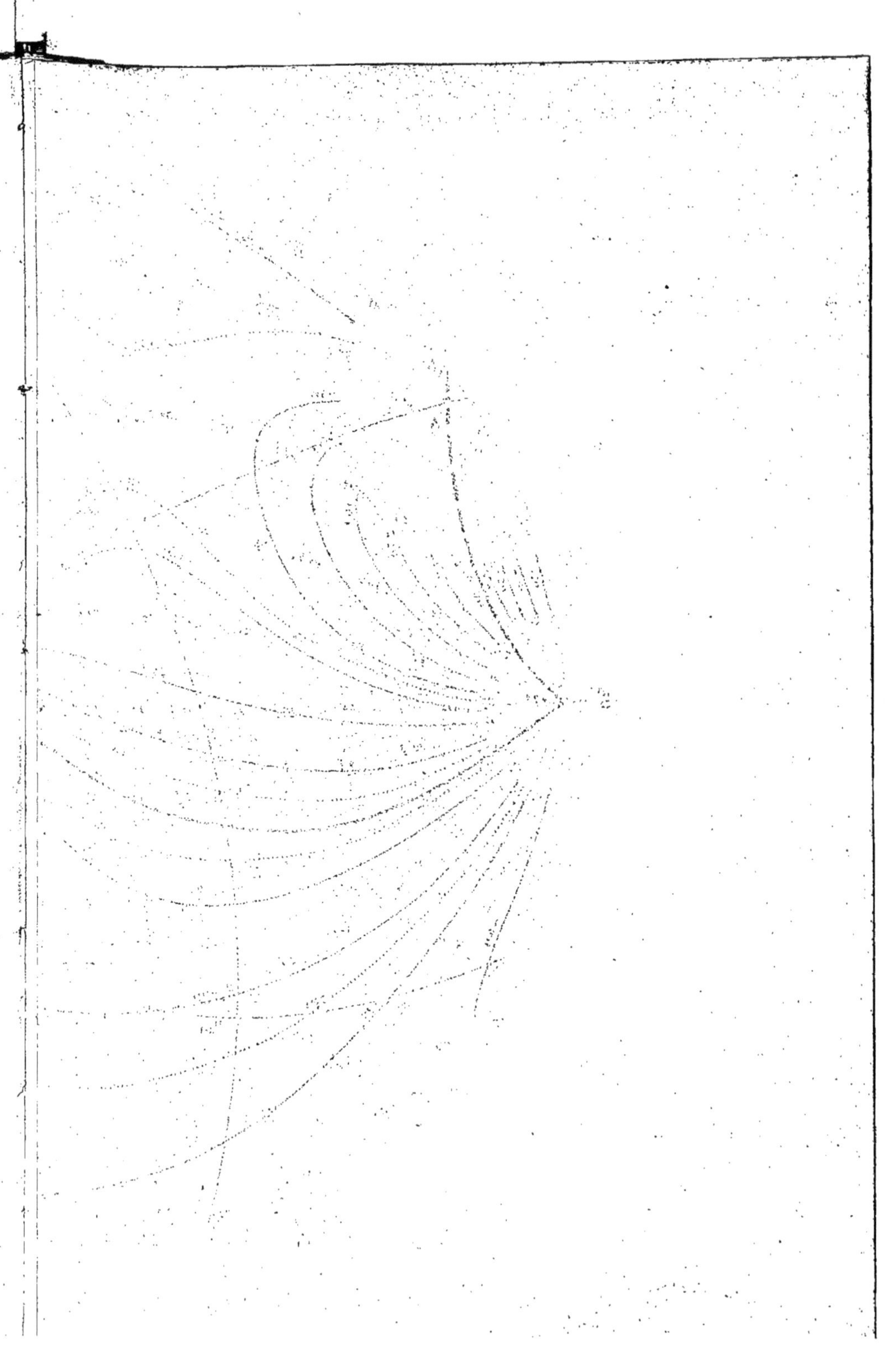

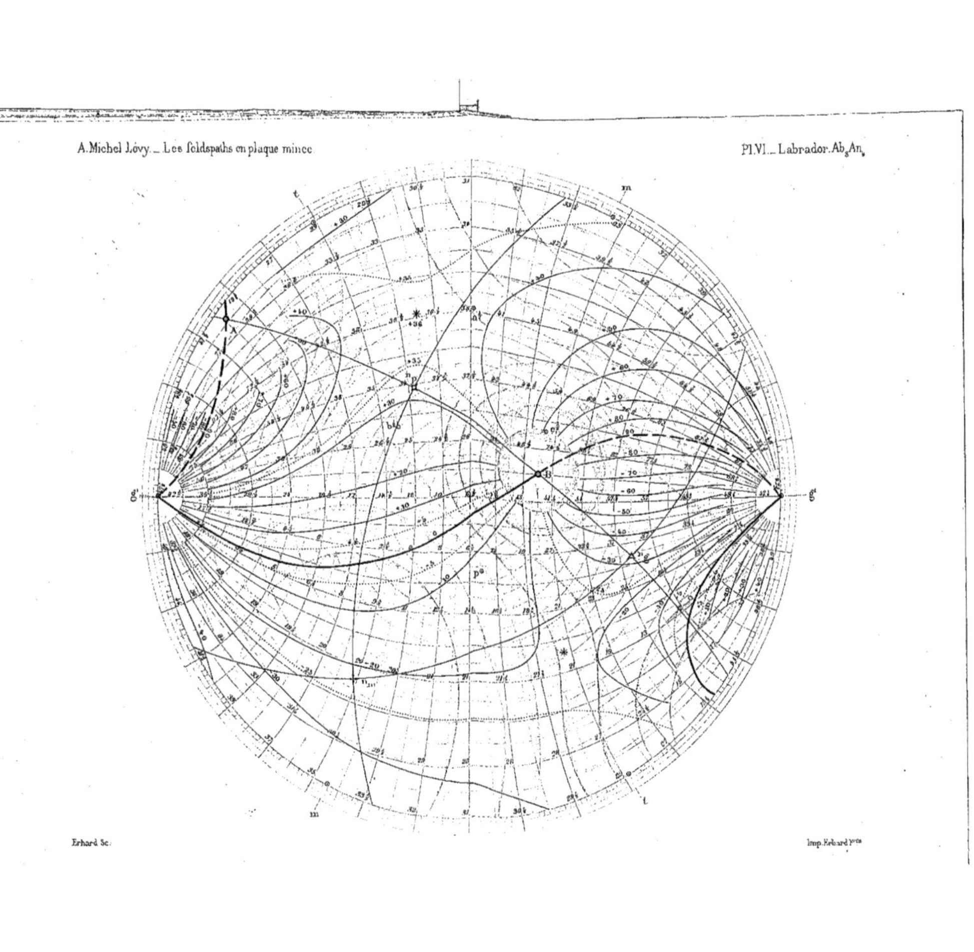

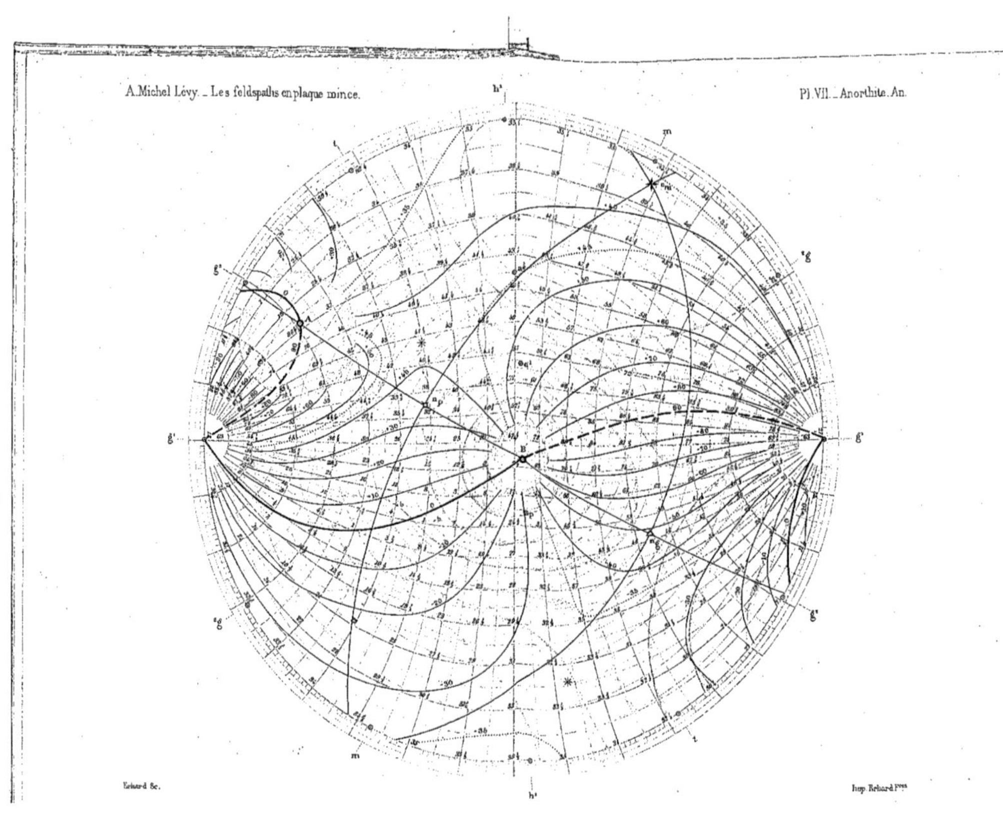

A. Michel Lévy. _ Les feldspaths en plaque mince.
Pl. VII. _ Anorthite. An.
Erhard Sc.
Imp. Erhard Frères.

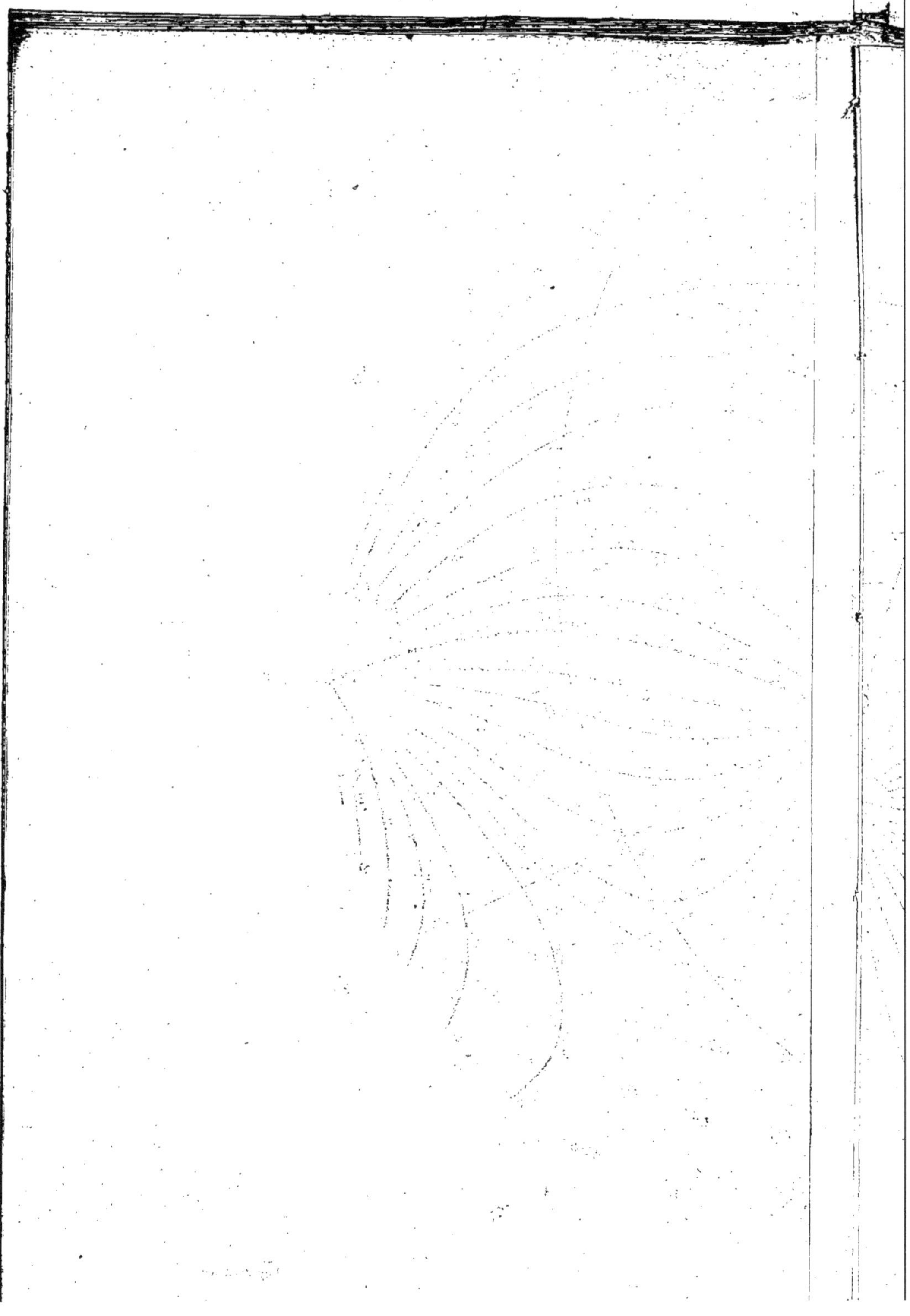

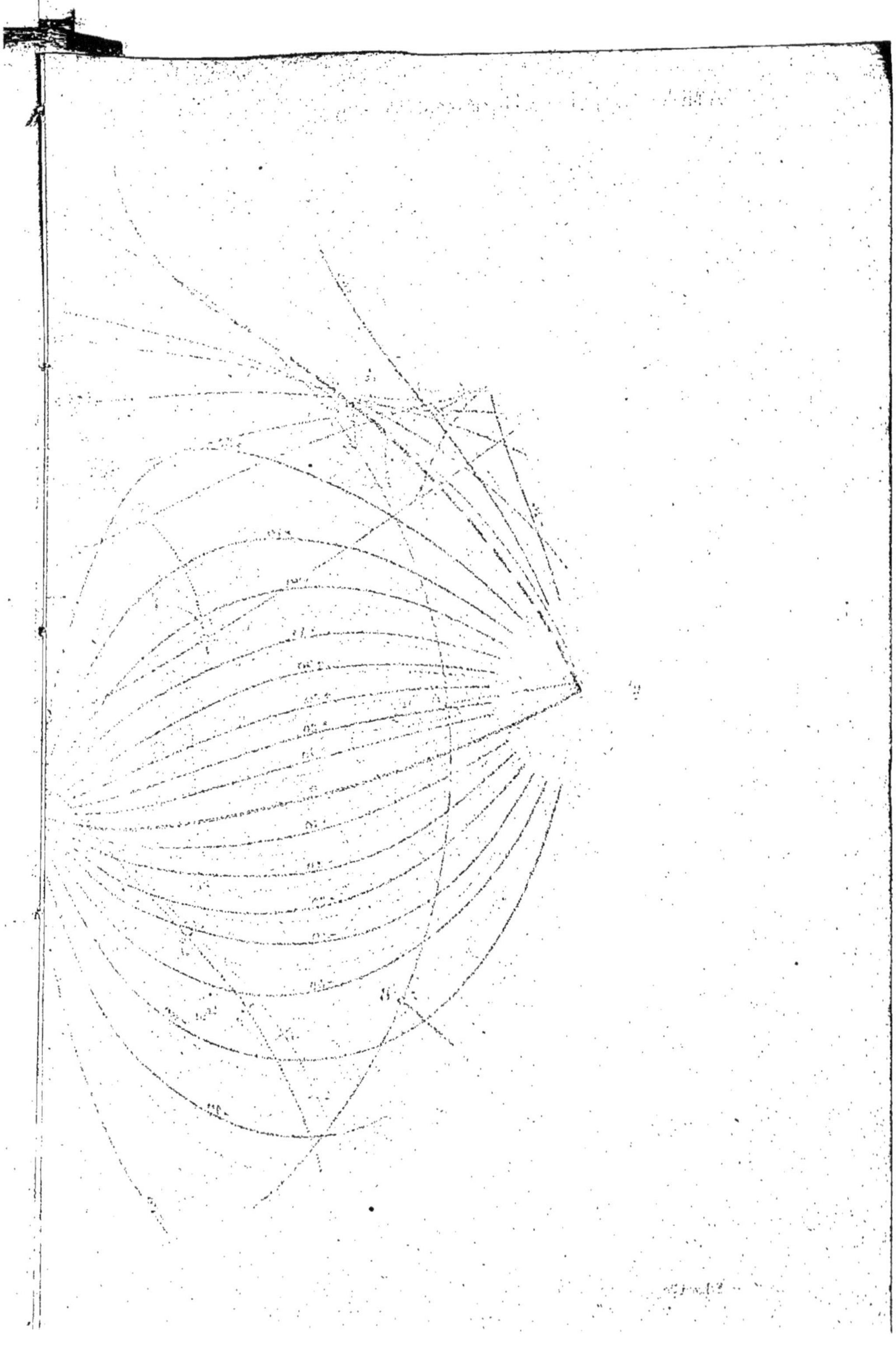

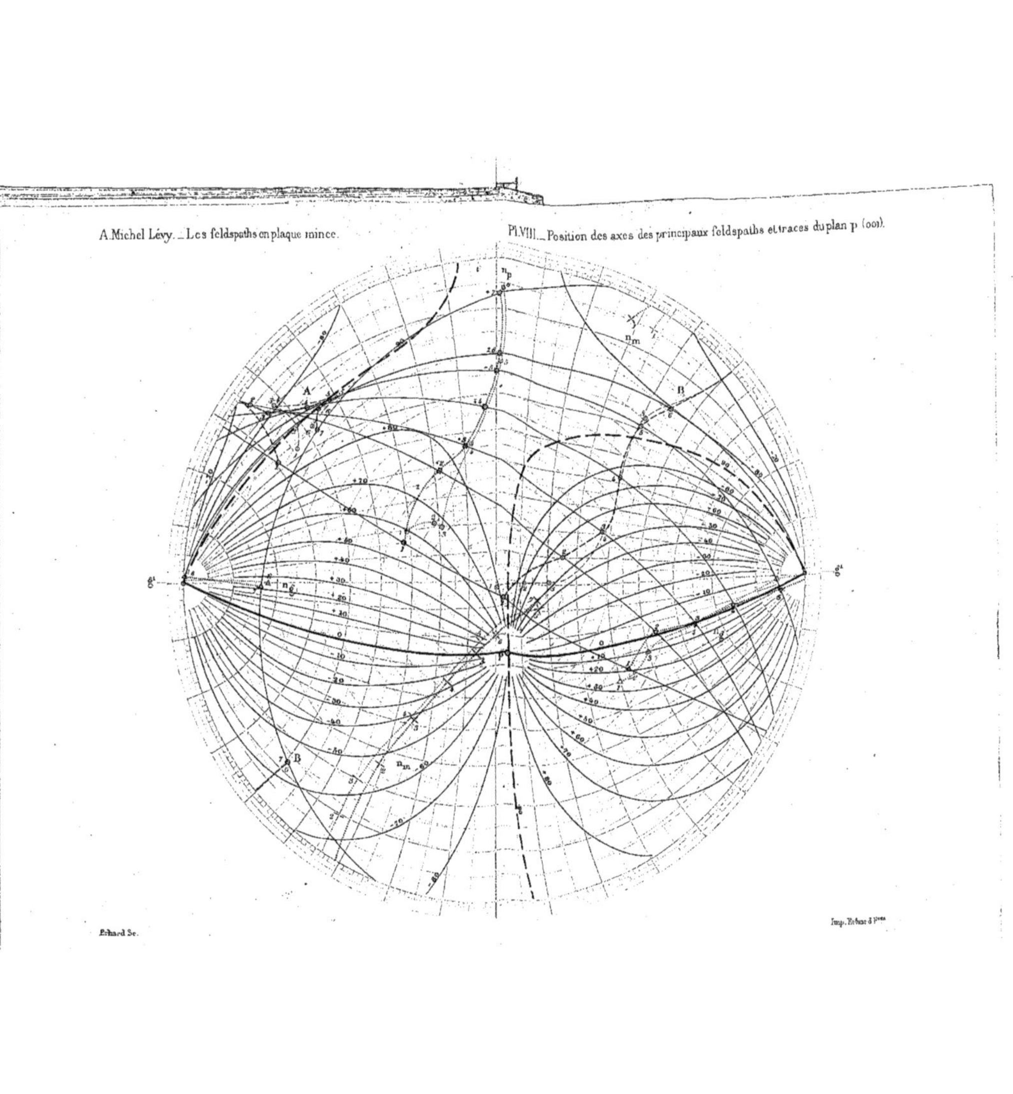

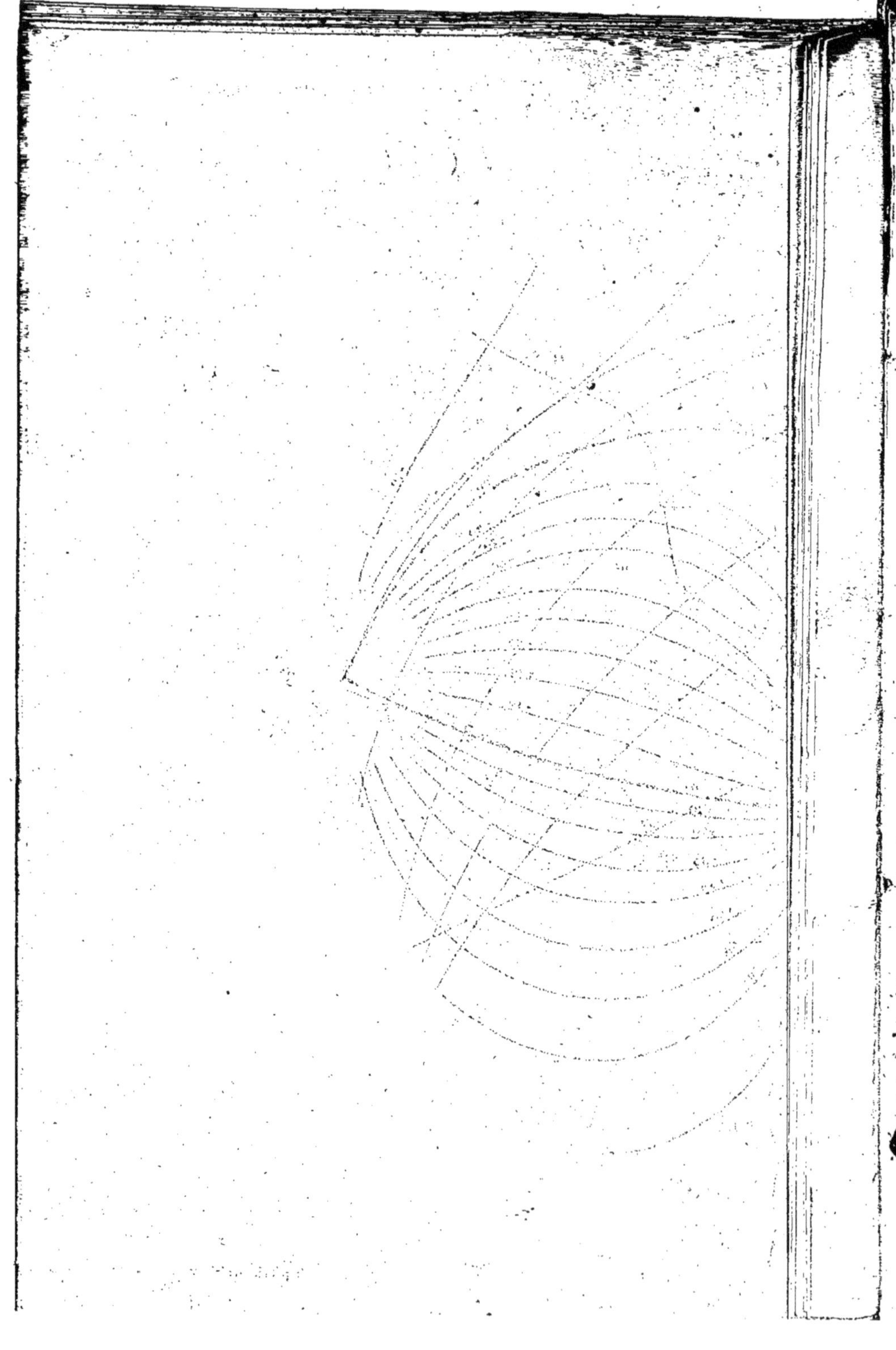

EXTRAIT DU CATALOGUE

Les Minéraux des roches.

Les minéraux des roches. 1° Application des méthodes minérale[illegible] leur étude microscopique, par A. MICHEL LÉVY, ingénieur en chef [illegible] physiques et optiques, par A. MICHEL LÉVY et LACROIX. 1 volume grand in-8°, avec de nombreuses figures dans le texte et une planche en couleur . . . 12 fr. 50

Tableaux des minéraux des roches.

Tableaux des minéraux des roches. Résumé de leurs propriétés optiques cristallographiques et chimiques, par MICHEL LÉVY et LACROIX. 1 volume in-4°, relié . . . 6 fr.

Roches éruptives.

Structures et classification des roches éruptives, par A. MICHEL LÉVY, ingénieur en chef des mines. 1 volume grand in-8° . . . 5 fr.

Minéralogie de la France.

Minéralogie de la France et de ses colonies. Description physique et chimique des minéraux; étude des conditions géologiques de leurs gisements, par A. LACROIX. 1re *partie du tome Ier*. 1 volume grand in-8°, avec de nombreuses figures dans le texte. . 15 fr.

NOTA. La 2e partie du tome Ier sera mise en vente dans le milieu de l'année 1894. Le tome II et dernier, paraîtra avant la fin de 1894.

Traité de minéralogie.

Traité de minéralogie à l'usage des candidats à la licence ès sciences physiques et des candidats à l'agrégation des sciences naturelles, par WALLERANT, professeur à la Faculté des sciences de Rennes. 1 volume grand in-8°, avec 341 figures dans le texte . . 12 fr. 50

Traité des gîtes minéraux et métallifères.

Traité des gîtes minéraux et métallifères. Recherche, étude et conditions d'exploitation des minéraux utiles. Description des principales mines connues. Usages et statistique des métaux. Cours de géologie appliquée de l'École supérieure des mines, par ED. FUCHS, ingénieur en chef des mines, professeur à l'École supérieure des mines, et DE LAUNAY, ingénieur des mines, professeur à l'École supérieure des mines. 2 volumes grand in-8°, avec de nombreuses figures dans le texte et 2 cartes en couleur, relié. 60 fr.

Etude industrielle des gîtes métallifères.

Etude industrielle des gîtes métallifères. Classification des gîtes; formation des fractures et cavités; remplissage des gîtes; gîtes sédimentaires; les minerais; gîtes caractéristiques; études minières; traitement des minerais; étude économique d'un gîte, par G. MOREAU, ingénieur des mines. 1 volume grand in-8°, avec de nombreuses figures dans le texte, relié. . . . 20 fr.

Géologie appliquée.

Géologie appliquée à l'art de l'ingénieur, par E. NIVOIT, ingénieur en chef des mines, professeur à l'École des ponts et chaussées. 2 volumes grand in-8°, avec de nombreuses figures dans le texte . . . 40 fr.

Carte géologique de la France au 80 millième.

Carte géologique détaillée de la France, à l'échelle du 80 millième, publiée par le ministère des Travaux publics, comprenant 267 feuilles de 94 centimètres sur 72 centimètres.

PRIX DE CHAQUE FEUILLE ACCOMPAGNÉE DE SA NOTICE EXPLICATIVE :

En feuilles . . . 6 fr.
Collée sur toile et pliée . . . 10 fr.

Carte géologique de la France au millionième.

Carte géologique de la France, à l'échelle du millionième, exécutée en utilisant les documents publiés par le service de la carte géologique détaillée de la France par un comité composé de MM. Barrois, Bergeron, Bertrand, Depéret, Fabre, Fontannes, Fouqué, Gosselet, Jacquot, Lecornu, Lory, Michel Lévy, Potier et Vélain, sous la direction de MM. JACQUOT, inspecteur général des mines, et MICHEL LÉVY, ingénieur en chef des mines, 4 feuilles de 65 centimètres sur 60 centimètres, imprimées en 41 couleurs.

Prix : Collée sur toile et pliée. . . . 15 fr. »
Collée sur toile, montée sur rouleaux et vernie. . . . 20 fr. »
En feuilles. . . . 9 fr. 50

ÉVREUX, IMPRIMERIE DE CHARLES HÉRISSEY